# 西方现代景观设计的理论与实践

THEORIES AND PRACTICE OF MODERN LANDSCAPE ARCHITECTURE IN THE WESTERN WORLD

# 西方现代景观设计的理论与实践

THEORIES AND PRACTICE OF MODERN LANDSCAPE ARCHITECTURE IN THE WESTERN WORLD

王向荣　林箐　著
WANG XIANGRONG　LIN QING

中国建筑工业出版社

# 前　言

　　20世纪90年代，中国的景观行业开始了一个转型的时期，经济的繁荣和环境意识的提高使景观行业获得了前所未有的迅速发展，景观的内容和形式也在发生巨大的变化。随着对外交往的增加，各种信息频繁地出现在国内景观设计的领域，西方的一些设计作品也逐渐被介绍到国内，引起人们很大的兴趣，不少人从中借鉴了一些新颖的设计手法。不过，这种介绍大多是零散的，不够全面和系统，人们学习它多是从图片中了解一些表面的东西。那时国内完整地介绍西方园林的书籍还十分有限，而这些有限的研究到奥姆斯特德(Frederick Law Olmsted)的城市公园之后就更加稀少了，可以说，当时对19世纪中叶以后西方园林的研究基本上是一片空白。

　　正是在这个时期的广泛的欧洲旅行，激发了我们对研究西方现代景观的兴趣和热情。像当时许多同行一样，我们希望借此来开阔思路，提高自己的设计水平。然而，回国以后，看到当时国内外景观设计水平的强烈反差，我们发现，仅凭对西方景观设计零散的和表面的认识，对自己、对别人的帮助都很有限。为此，我们陷入了一段痛苦和迷茫的时期。思虑良久，我们终于认识到必须深入了解这些作品特定的背景和内在的思想，才能真正理解作品本身。也只有这样，才能接触到现代景观设计丰富多彩的思想和手法。于是我们抛弃一切浮躁的念头，静下心来，安心读书。限于相关的中文信息的匮乏，我们不得不求助于大量的外文资料。日积月累，终有所得，加之后来有机会又去国外考察，补充了一些内容，我们对西方现代景观发展的大致脉络、它的主要思想、流派和重要的设计师以及它们彼此之间的联系逐渐有了些了解。这种了解也使我们对国内的景观事业有了更深刻的认识，对于自己的设计实践的前进方向也更明确了，信心更足了。

　　这期间，我们也完成了大量的设计项目，我们惊奇地发现，这些理论的研究对于我们的设计实践有相当大的促进和提高作用。可见，对西方现代景观设计的理论和实践的了解，将有助于我们开阔思路，吸取其中有益的经验。正是因为这些研究成果使我们自己受益匪浅，所以我们将其整理出来，是希望对更多的景观设计师能有所帮助。

　　在英语中，传统园林称为 Garden 或 Park，Landscape Architecture 一词出现于19世纪下半叶，现在成为世界普遍公认的这个行业的名称。但在现阶段的中国，对于和 Landscape Architecture 相对应的中文名词，大家有着不同的看法，甚至争论激烈，已成为行业的一块心病。已有的名称有园林、风景园林、景观、景观建筑、景园、造园等等。虽然我们无意陷于对一些专业名词的定义和争论之中，但是由于所涉及的内容的需要，不得不将 Landscape Architecture 与 Garden 有所区别，一个称作"景观"，另一个称作"园林"。这么写并不意味着我们认为景观一词就是一个理想的提法，我们以为，重要的不是名称，而是内涵。当然，我们也期盼着行业内大家尽早约定俗成，确定一个名称，这会为许多事情减少口舌之累。

　　18世纪欧洲爆发的工业革命，是人类社会从手工业时代进入工业文明的开端。蒸汽机的发明，火车的出现，电能的使用，内燃机、汽车、飞机以及其他许许多多的发明创造，以前所未有的速度，推动着资本主义社会向前发展。工业革命也带来了技术、社会和文化方面的巨大变化。作为文化的重要组成部分的艺术，终于在19世纪末、20世纪初产生了一场深刻的变革——"现代运动"(Modern Movement)。这一运动涉及到绘画、雕塑、建筑等领域，其结果，是在20世纪初形成了现代绘画、现代雕塑、现代建筑。比起这三者激动人心的史诗般的变革和无数才华横溢的先驱们来说，这一时期景观的变革要显得平淡一些，但是，它所表现的新的设计思想和设计语言，同样表达了工业社会人们新的生活方式和审美标准。因此，许多西方学者把经历了"现代运动"之后，伴随着现代绘画、现代雕塑和现代建筑而产生的新型景观称为"现代景观"（Modern Landscape Architecture）。但是，对西方现代景观究竟起于何时这一问题也有不同的看法。本书无意陷于这些学术问题的争论，相信读者也不会由于一些名词和定义的原因而对本书的内容产生误解。

西方现代景观的产生和发展，有深刻的社会经济原因，涉及绘画、雕塑、建筑等其他艺术领域，范围也相当广泛。全面地介绍西方现代景观设计，是一个非常庞大的课题。在国内没有前人做过，我们阅读过的外文书籍中也没有类似可以借鉴的。由于不同的国家和地区有不同的现象，人们可以按照不同的观点和方法加以论述。在本书中，我们试图以时间为线索，寻找出各个单一现象背后的联系，把不同国家众多的设计思想、设计流派和设计师联系起来，构成西方现代景观设计产生和发展的脉络。全书主要分为三部分，1～2简述了西方园林发展的历史和西方现代景观探索的过程；3～8按地区和时间的先后介绍西方现代景观的产生和发展，以及西方现代景观的主要流派；9～11介绍西方景观设计某些方面的发展。章节的这种划分是按照作者对西方现代景观的认识来确定的，这里面不免有主观的成分，如果读者有不同的看法，也是正常的。另外，这种划分并不是很严格的，一些设计师活跃的年代很长，风格在不断地做出调整，但我们很可能在最初的几章就将他一生的创作都叙述完了；还有一些设计师，虽然年代较早，但为了跟某些内容连贯起来，我们有可能把他放在了后面一些章节才提到。本书第一、第二部分主要是按时间线索展开，第三部分主要是按不同的方面来论述的，中间也夹杂着时间的因素，因此，其内容与前面的一些章节实际上有一些交叉，体现了看问题的角度的不同。

我国现在的状况，与西方国家几十年前的情况有惊人相似的地方，景观行业也是如此。由于文化背景、社会制度不同，研究西方现代景观设计的理论和实践，并不意味着全盘吸收、照搬照抄。但是对这些内容的了解，无疑会帮助我们开阔视野，少走弯路，有意识地吸取其中优秀的方面，促进我国景观事业的发展。

在我国景观设计从传统走向现代的过程中，西方的经验有很多值得我们思考的地方。我们当然不能像早期的现代主义者那样完全忽视历史的价值，但也不应让传统成为束缚我们前进的枷锁。谈论继承、发扬一种传统，并不代表着对过去的拷贝，也不意味着对早期风格的单线轨迹的延伸；而是要触摸到那些超越时代的基本点，通过吸收早期答案背后的各种原理，把它们转换为适应于新的条件的合适的表达方式。最佳的追随者是那些吸收其精神但不是模仿其风格的人们。从西方古典园林到现代景观的发展历程，我们可以清楚地看到这一点。

我们写作这本书的目的并不是为了叙述历史，更不是为了汇编一些资料，从某种意义上来说，我们一直在努力，希望看清当今景观发展的整体轮廓，希望从中找到中国的坐标和寻找可能的发展方向。我们也希望这本书能为广大的读者带来一些思考和启发。

**王向荣　林　箐**

2001 年 2 月 18 日

# 目　　录

# 1 西方的园林传统

人类文化的发展与变革，总是在伴随着对过去的否定中进行的，但是这种否定决不是全部的否定。一种新的文化形式的产生，总是与它脱胎的母体有着千丝万缕的联系，这样才构成了文化的延续。因此要了解西方现代景观设计的产生，有必要回顾一下西方的园林传统。从历史来看，欧洲、美洲同属一个文化传统，其园林文化属于从欧洲园林发展而来的大的系统。欧洲园林作为世界园林系统中重要的一支，其传播的范围最为广泛，对今天的社会的影响也最为深刻。

园林是人们理想中的天堂，建造园林就是在大地上建造人间的天堂。如果我们按自然状况的不同，将自然划分为不同的类型：第一自然为原始状况的大自然，第二自然为农业生产状况下的自然……，那么就很容易理解中西园林的不同。中国山川秀美、人杰地灵，土地富庶，理想中的王国是这些秀美的山川湖泽。园林的起源是从模仿第一类自然开始的，这使得中国园林沿着自然式的形式发展了几千年。欧洲的园林文化传统，可以一直追溯到古埃及，那里的自然环境远不如中国，雨水稀少，没有大片森林，更无秀美的山川，人们理想中的天堂自然是适合农业生产的富庶的土地，于是园林就是在模仿第二自然开始的，这是经过人类耕种、改造后的自然，是几何式的自然，因而西方园林就是沿着几何式的道路开始发展的。

古埃及的园林一般是方形的，四周有围

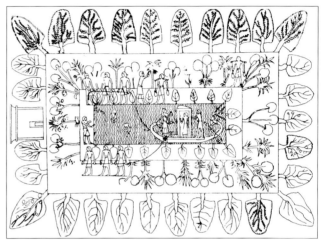

古埃及园林派科玛拉（Pekhmara）平面图

墙，入口处建塔门，由于气候炎热、干旱缺水，所以十分珍视水的作用和树木的遮荫。园内成排种植庭荫树，园子中心一般是矩形的水池，池中养鱼并种植水生植物，池边有凉亭。园林是规则式的，并且有明显的中轴线。

古希腊的园林位于住宅的庭院或天井之中，园林是几何式的，中央有水池、雕塑，栽

位于德尔法（Delphi）的古希腊的神庙

1

古罗马哈德里安庄园

植花卉，四周环以柱廊，这种园林形式为以后的柱廊式园林的发展打下了基础。另外，神庙附近的圣林中有剧场、竞技场、小径、凉亭、柱廊等，成为公众活动的场所。

　　古罗马的时候出现了一些大型的别墅花园，为了夏季避暑，这些别墅庄园多建于郊外的山坡上，居高临下可鸟瞰周围的原野。建造于118～134年之间的哈德里安庄园(Villa Hadrian)至今还保留有比较完整的遗址。从哈德里安庄园的遗址可清晰地看出古罗马时期郊外大型园林的特点。园林因山而建，并将山地辟成不同高程的台地，用栏杆、挡土墙和台阶来维护和联系各台地。园中一系列带有柱廊的建筑围绕着一些庭院，每组庭院相对独立。水是造园的重要要素，在园中、室内或是敞厅中都有水的应用，如养鱼池、水井和喷泉。各种精美的石刻，如雕像、花钵、栏杆等，以及常

绿植物如意大利松、紫杉等也是造园的重要要素，园林是规则式的，这些特点也为15、16世纪意大利文艺复兴园林奠定了基础。

　　公元500年，欧洲进入了近一千年的中世纪。中世纪城市的发展，为后来园林的营建建立了一个良好的基础。但是在整个中世纪里，欧洲几乎没有大规模的园林建造活动，花园只能在城堡或教堂周围及修道院庭院中得到维持，然而西班牙是一例外。公元8世纪，阿拉伯人征服西班牙后，为比利牛斯半岛带来了伊斯兰的园林文化，结合欧洲大陆的基督教文化，形成了西班牙特有的园林风格。后来，这种类型的园林又被西班牙殖民者带到了美洲，

西班牙阿尔罕布拉宫狮子院

影响到美洲的造园和现代景观设计。阿拉伯人在西班牙建造的阿尔罕布拉宫(Alhambra)是伊斯兰世界中保存比较好的一所宫殿。阿尔罕布拉宫是摩尔艺术的巅峰之作，其出奇的精致与均衡之美，是阿拉伯人超凡的想像力与艺术的缩影，它体现了伊斯兰宫殿与园林的特点：室外空间由曲折有致的庭院构成，狭小的道路串联每一个幽静的庭院，人们无法预知下一个空间的形态，这如同让人渐渐地步入一个天方夜谭的场景。水作为阿拉伯文化中生命的象征与冥想之源，在庭院中扮演重要的角色。它们常常以十字形水渠的形式出现，代表天堂中水、酒、乳、蜜四条河流。建筑与花园中的各种装饰变化细腻，特别是瓷砖与马赛克饰面色彩华丽，精致而堂皇。

15世纪初叶，随着文艺复兴运动的兴起，欧洲园林进入了一个空前繁荣发展的阶段。由于工商业的发达，产生了巨商富贾，他们不为传统所束缚，支持哲学和文化上的新思想，争做一切艺术的保护人，导致文学和艺术的飞跃进步，引起一批人爱好自然，追求田园趣味。这样，大规模的园林庄园在意大利源源涌现。随

意大利文艺复兴花园加贝阿伊阿

着文艺复兴的中心的转移，在托斯卡那、佛罗伦萨、罗马等地留下了众多的郊区庄园，著名的有朗特花园（Villa Lante）、德·爱斯特花园（Villa D'Este）、法尔尼斯花园（Palazzina Farnese）、加贝阿伊阿花园(Villa Gamberaia)等，15～16世纪意大利的园林随着文艺复兴思想在欧洲大陆广为传播。文艺复兴园林继承了古罗马园林的特征，在视野较好的山坡上依山而筑，成为坡地露台花园，尽管园林是几何形的，有些还是中轴对称的，但是尺度宜人，郁郁葱葱，非常亲切。在轴线上及其两侧布置了美丽的绿篱花坛、变化多端的喷泉和瀑布、常

意大利巴洛克花园加佐尼

意大利文艺复兴花园朗特

3

意大利"手法主义"
花园布玛簇

绿树以及各种石造的阶梯、露台、水池、雕塑、建筑及栏杆。

文艺复兴园林在16世纪下半叶表现出许多巴洛克艺术的趣味，园林追求活泼的线形、戏剧性和透视效果，如阿尔多布兰迪尼花园（Villa Aldobrandini）和加佐尼花园（Villa Garzoni）。文艺复兴晚期，"手法主义"艺术思潮也影响到园林，园林追求主观、新奇、梦幻般的表现，如布玛簇花园（Bomarzo）。

17世纪，园林史上出现了一位开创法国乃至欧洲造园新风格的杰出人物——勒·诺特（André Le Nôtre 1613~1700），他在吸收了意大利文艺复兴园林许多特点的基础上，开创了一种新的造园样式。对于这种新的园林形式，各国称呼不一。他的家乡法国称之为勒·

维康府邸

诺特式园林，或法国园林，英语和德语国家称之为巴洛克园林，而中国现有的文献中多称其为古典主义园林。这种造园样式随即取代意大利露台花园，风靡整个欧洲。勒·诺特的造园保留了意大利文艺复兴庄园的一些要素，如轴线、修剪植物、喷水、瀑布等，又以一种新的更开朗、更华丽、更宏伟、更对称的方式在法国重新组合，创造了一种更显高贵的园林。这种园林是几何式的，有着非常严谨的几何秩序，均衡和谐。宫殿高高在上，建筑的轴线统治着园林的轴线，这条轴线一直延伸至园外的森林之中。轴线两侧或轴线上布置有大花坛、林荫道、水池、喷泉、雕像、修剪成各种几何体的造型植物。园林的外围是森林，浓浓的绿荫成为整个园林的背景。在森林与园林之间，

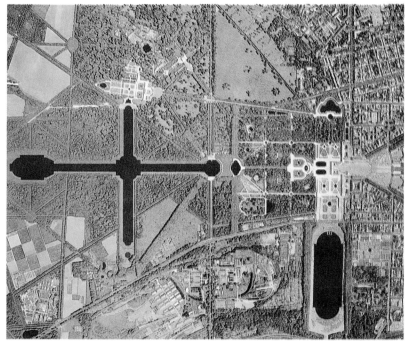

凡尔赛花园航拍照片

布置一些由绿篱围合的不同风格的小花园。整个园林宁静而开阔，统一中又富有变化，显得富丽堂皇、雄伟壮观。勒·诺特的代表作品维康府邸（Vaux-le-Vicomte）、凡尔赛（Versailles）和苏艾克斯（Sceaux），一时间被欧洲各国君主和贵族竞相模仿，甚至在东方的圆明园，由于乾隆皇帝的猎奇，也建造了模仿法国园林的西洋楼。

肯特参与设计的斯托海德

17、18世纪，绘画与文学两种艺术中热衷自然的倾向影响英国的造园，加之中国园林文化的影响，英国出现了自然风景园。英国风景园一反意大利文艺复兴园林和法国巴洛克园林传统，抛弃了轴线、对称、修剪植物、花坛、水渠、喷泉等所有被认为是直线的或不自然的东西，以起伏开阔的草地、自然曲折的湖岸、成片成丛自然生长的树木为要素构成了一种新的园林，涌现了如肯特（William Kent 1684~1748）、布朗（Lancelot Brown 1716~1783）

布朗设计的布伦海姆

等一大批优秀的设计师，著名的园林有斯道园（Stowe）、布伦海姆（Blenheim）、切斯维克（Chiswick）、斯托海德（Stourhead）、罗斯海姆（Rousham）等园林。布朗的继承人是莱普顿（Humphry Repton 1752~1818），他设计的园林在建筑周围布置一些花架、花坛等装饰性的景物，作为建筑与自然的过渡，在风景园中又出现了一些几何式的构图。

18世纪中叶，当自然风景园在英国的发展达到高潮时，以钱伯斯（William Chambers 1726~1796）为首的园林设计师反对布朗式的风景园，认为这种园林过于单调，完全是模仿大自然的景观，以至于人们在园中分不清哪里是园内，哪里是园外。作为改进，园林中要建造一些点景物，于是中国的亭、塔、桥、假山及其他异国情调的小建筑或模仿古罗马的废墟等点景物开始大量出现于英国园林之中，人们将这种园林称之为感伤主义园林或英中式园林。这一时期，英国风景园的风尚，越过英吉

钱伯斯设计的丘园
（Kew Gardens）中的中国塔

平克勒设计的
勃兰尼茨(Branitz)

利海峡，传遍了欧洲大陆。

欧洲大陆的风景园是从模仿英中式园林开始的，虽然最初常常是很盲目地模仿，但结果却带来了园林的根本变革。早期的风景园主要以两种形式出现，一是渐渐地侵入原有的几何园中，使之自然风景化；二是新设计的自然风景园。风景园在欧洲大陆的发展是一个净化的过程，自然风景式比重越来越大，点景物越来越少，到1800年后，纯净的自然风景园终于出现了，并且涌现出大批经典作品，如：德国的纽芬堡(Nymphenburg)、无忧宫的改建(Sanssouci)、慕斯考(Muskau)等。著名的设计师有德国的斯开尔(Friedrich Ludwig von Sckell 1750~1832)、莱内(Peter Josef Lenné 1789~1866)和平克勒(Ludwig Heinrich Fürst von Pückler-Muskau 1785~1871)。

19世纪上半叶，不少设计师重新提出在建筑与自然之间最好有几何式的花园作为过渡，同时园林植物也越来越丰富，并且越来越受到设计者和公众的关注。大量的植物种类特别是花卉的应用，彻底改变了自然风景园中宁静的气氛。建筑旁边多布置花坛，而花坛大多是几何形的，这些改变了风景园的面貌。诸多原因使得纯净的风景园在走过辉煌的百年后逐渐结束了。

由于中产阶级的兴起，18世纪中叶后英国的部分皇家园林开始对公众开放。随即法国、

德国和其他国家群相效仿，并且开始建造一些开放的，为大众服务的城市公园，较早的实例有1804年斯开尔设计的面积达366hm²的德国慕尼黑"英国园"(Englischer Garten)。在很长一段时间内，美洲大陆的欧洲后裔们的造园以殖民式为样板。自1850年起，随着美国大城市的发展以及城市人口的膨胀，城市环境越来越恶化，作为改善城市卫生状况的重要措施，在美国出现了大量的城市公园。1854年，继承道宁(Andrew Jackson Downing 1815~1852)思想的奥姆斯特德(Frederick Law Olmsted 1822~1903)在纽约市修建了360hm²的中央公园，传播了城市公园的思想。此后，美国的城市公园的发展取得了惊人的成就。奥姆斯特德的公园"给予国人休闲和居住的乐趣，这在以前只有特权阶级才享受得到"。城市公园的思想是崭新的，但园林风格上仍然继承了英国风景园的传统，不过也不回避几何式园林。

19世纪以后，公园日益引起大众的普遍关注，同时，小庭院的设计建造也颇为兴盛。由于植物知识的扩展和植物材料的丰富，为不同主题的小庭院的设计提供了丰富的素材，这些庭院更多地体现了造园者和园主人在园艺上的兴趣。

1804年斯开尔设计的欧洲大陆最早的公园——慕尼黑"英国园"

19世纪没有创立一种新的造园风格，园林设计风格在继承风景园传统的同时，几何式园林又逐步被设计师采用，园林或以自然式为主，或以几何式为主，停滞在两者互相交融的设计风格上，甚至逐步沦为对历史样式的模仿与拼凑。可以说，整个19世纪，尽管园林在内容上已经产生了翻天覆地的变化，但是在形式上并没有创造出一种新的风格，正如绘画、雕塑、建筑等其他艺术领域在同期经历的类似徘徊一样。这时，一大批不满于现状、富有进取心的艺术家们，为了打破艺术领域僵化的学院派教条，创造出具有时代精神的艺术形式，率先探索，掀起了一个又一个的运动。这一变化，预示着一个新的艺术世界，包括新的园林风格即将到来，而工艺美术运动和新艺术运动正是这些艺术运动中的重要部分。

纽约中央公园

# 2 西方现代景观设计的探索

## 2.1 工艺美术运动中的园林设计

维多利亚时期，英国上下沉浸在一片平凡庸俗又自鸣得意、充满乐观情绪的气氛之中。英国的建筑、园林及其他装饰风格追求繁琐与矫饰，以华贵的装饰来炫耀自己的财富。然而1851年由园林师、工程师派克斯顿（Joseph Paxton 1803～1865）设计的英国伦敦的"水晶宫"却以简单的玻璃和铁架结构的巨大的阶梯形长方体建筑开辟了建筑形式新的纪元。水晶宫从建筑到展品都展现了工业设计的开始。这时，以拉斯金（John Ruskin 1819～1900）和莫里斯（William Morris 1834～1896）为首的一批社会活动家和艺术家对两者的风格都极力地反对，他们发起了"工艺美术运动"（Arts And Crafts Movement），提倡简单、朴实无华、具有良好功能的设计，在装饰上推崇自然主义和东方艺术，反对设计上哗众取宠、华而不实的维多利亚风格；提倡艺术化手工业产品，反对工业化对传统工艺的威胁，反对机械化生产。这些主张也是工艺美术运动的特征，它们同样反映在园林设计之中。

莫里斯认为，庭院无论大小都必须从整体上进行设计，外貌必须壮观。另外，庭院必须脱离外界，决不可一成不变地照搬自然的变化无常和粗糙不精。他尤其憎恨维多利亚时期装饰的恶习。在自己的庭院里，他选择了一种更加单纯和浪漫的形式，这种风格与他的住宅的室内相得益彰，园中有灌木丛、果园、花架、石径、栏杆等。

"水晶宫"室内

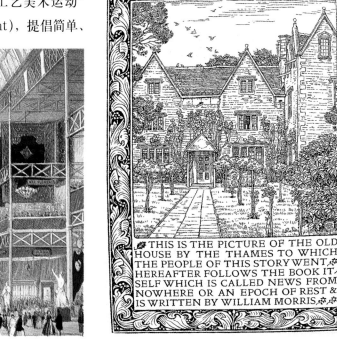

莫里斯设计的 Kelmscott
宅邸和花园的铜版画（1871）

真正影响了工艺美术运动的花园风格的是莫里斯的两位同龄人，才华横溢的植物学家和作家鲁滨逊（William Robinson 1839~1935）及艺术家、园林师和作家杰基尔（Gertrude Jekyll 1843~1932）女士，另外建筑师路特恩斯（Edwin Lutyens 1869~1944）也功不可

鲁滨逊设计的 Gravetye 宅邸入口花园（1885）

没。尽管他们的设计也有着维多利亚式的烙印，但是他们的花园更加简洁、浪漫、高雅，用小尺度的具有不同功能的空间构筑花园，并强调自然材料的运用。鲁滨逊主张简化繁琐的维多利亚花园，园林设计应满足植物的生态习性，任其自然生长。对英国的乡村花园和自然景观的钟爱以及对园艺水平的注重，使鲁滨逊几乎完全抛弃了用建筑的原则和方法来设计园林，他喜欢简单的不规则式庭院风格，强调运用开花的多年生植物，反对一年生的草本花坛。

这一时期园林的风格还表现在规则式和自然式的争论上。实际上，从18世纪初英国风景园思想萌发之后，规则式和自然式就没有停止过争论。19世纪上半叶，风景园在走过了近一个世纪后，规则式园林又受到重视，在莱普顿的设计中就已经出现了不少规则式的成分。19世纪30年代初，英国作家和园林设计师卢顿（John Loudon 1783~1843）的园林设计常常是几何式与规则式园林的综合。19世纪末，更多的设计师用规则式园林来协调建筑与环境的关系。艺术和建筑也在向简洁的方向发展，园林受新思潮的影响，走向了净化的道路，逐步转向注重功能，以人为本的设计。1892年，建筑师布鲁姆菲尔德（R. Blomfield 1859~1942）出版了《英格兰的规则式庭院》（The Formal Garden in England），提倡规则式设计。他认为规则式庭院与建筑的结合更为协调。规则式园林与自然式园林争论的结果，使人们在热衷于规则式庭院设计的同时，也没有放弃对植物学的兴趣，不仅如此，还将上述两个方面合二为一。

园艺家杰基尔女士与建筑师路特恩斯长期合作，像工艺美术运动中的设计师一样，他们提倡从大自然中获取设计源泉。他们设计的花园面积都较大，充满了乡间的浪漫情调。整个园林由一些较小的，通常分布在建筑周围的小园组成，这些小园的类型和形式非常丰富，有

杰基尔设计的 Munstead Wood 花园（1897）

路特恩斯设计的 Folly Farm 花园 (1912)

自然式或规则式的岩石园、玫瑰园、菜园、药园、草坪、水花园，也有规则式的平台、游泳池以及富有装饰的园林家具和廊架。每一部分都有各自的使用功能，同时又成为别具特色的景观，色彩斑斓的植物软化了规则式的线条和平台。凭着对老住宅和乡村建筑的材料和质感的理解，对基地与乡村景观的敏感，他们找到了统一建筑与花园的新方法，他们的设计是规则式布置与自然植物的完美结合。这种以规则式为结构，以自然植物为内容的风格经杰基尔和路特恩斯的大力推广普及后，成为当时园林设计的时尚，并且影响到后来欧洲大陆的花园设计。这一原则直到今天仍有一定的影响。

后来路特恩斯有机会在印度设计一些项目。1911至1931年间他在印度新德里设计的莫卧儿花园（Mughal Garden），又称总督花园，也体现了自然式和规则式的结合。通过对波斯

印度新德里莫卧儿花园平面图

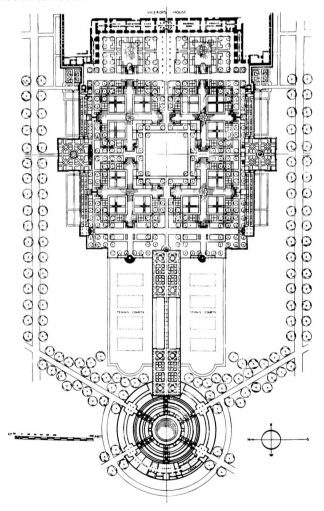

印度新德里莫卧儿花园

和印度传统绘画的学习和对当地一些花园的研究，路特恩斯将英国花园的特色和规整的传统莫卧儿花园形式在这个园林中结合在一起。花园由三部分组成：第一部分为紧贴着建筑的方花园，这是一个规则式花园，花园的骨架由四条水渠组成，水渠的四个交叉点上是独特的花瓣喷泉。以四条水渠为主体，再分出一些小的水渠，延伸到其他区域，外侧是小块的草坪和方格状布置的小花床。规则的水渠、花池、草地、台阶、小桥、汀步等的丰富变化都在桥与水面之间60cm的高差内展开。美丽的花卉和修剪树木体现了19世纪的传统，交叉的水渠象征着天堂的四条河流。这里，建筑师运用了现代建筑的简洁的三维几何形式，给予了印度伊斯兰园林传统以新的生命，创造了美丽的园林景观。第二部分是长条形花园，这是整个园中唯一没有水渠的花园。在这一部分，路特恩斯设计了一个优美的花架，上面攀爬着九重葛。在花架的旁边，是一些绿篱围合的小花床。花园的第三部分是下沉式的圆花园，圆形的水池外围是众多的分层花台，一排排花卉种植在环形的台地上，使人想起杰基尔设计的宁静、平和的台地式乡村花园。

工艺美术运动是由于厌恶矫饰的风格、恐惧工业化的大生产而产生的，这种心态也是当时欧洲大陆知识分子的典型心态。然而，工业化的进程是社会发展的必然趋势，艺术必须顺应这一趋势的发展。在工艺美术运动的影响下，欧洲大陆又掀起了一次规模更大、影响更加广泛的艺术运动——新艺术运动。新艺术运动虽然也强调装饰，但并不排斥工业化大生产，它以更积极的态度试图解决工业化进程中的艺术问题。

## 2.2 新艺术运动中的园林设计

### 2.2.1 新艺术运动的产生与设计风格

新艺术运动(Art Nouveau)是19世纪末、20世纪初在欧洲发生的一次大众化的艺术实践活动，是世纪之交欧洲艺术的重新定向，是一道受人欢迎的振奋剂。它的起因是受英国"工艺美术运动"的影响，反对传统的模式，在设计中强调装饰效果，希望通过装饰来改变由于大工业生产造成的产品粗糙、刻板的面貌。新艺术运动最早出现于比利时和法国等国家，分别称为"20人团"和"新艺术"。自然界的贝壳、水漩涡、花草枝叶等给艺术家们带来无限灵感，他们以富有动感的自然曲线作为建筑、家具和日用品的装饰。后来，新艺术运动又发展出直线几何的风格，以苏格兰格拉斯哥学派(Glascow Four)、德国的"青年风格派"(Jugendstil)和奥地利的"维也纳分离派"(Vienna Secession)为代表，探索用简单的几何形式及构成进行设计。新艺术运动本身没有一个统一的风格，在欧洲各国也有不同的表现和称呼，但是这些探索的目的都是希望通过装饰的手段来创造出一种新的设计风格，主要表现在追求自然曲线形和追求直线几何形两种形式。

### 2.2.2 新艺术运动中的设计师与园林作品

新艺术运动追求曲线风格的特点是：从自然界中归纳出基本的线条，并用它来进行设计，强调曲线装饰，特别是花卉图案、阿拉伯式图案或富有韵律、互相缠绕的曲线。曲线风格的园林最极端地表现在西班牙天才建筑师高

巴塞罗那居尔公园

巴塞罗那居尔公园

迪(Antoni Gaudi 1852~1926)的设计中。高迪在新艺术运动中独树一帜，他的作品是一系列复杂的、丰富的文化现象的产物，他利用装饰线条的流动表达对自由和自然的向往。

高迪1852年出生于西班牙巴塞罗那附近的小镇雷乌斯(Reus)的一个铁匠家庭，后来进入巴塞罗那建筑学院学习，被教授们认为不是狂人就是天才。高迪学习、研究了工艺美术运动的倡导者拉斯金(John Ruskin 1819~1900)的理论，深受影响，于是在创作中重视装饰效果和手工艺技术的运用。高迪把他的全部才智贡献给了巴塞罗那，在那里设计了米拉公寓、圣家族教堂等建筑。1900年，高迪受朋友、实业家居尔(Baron Eusebi Güell I Bacigalupi)的委托，在巴塞罗那郊区设计一个居住区，尽管最终只完成了少数几栋建筑，但是却建成了一个梦幻般的居尔公园(Parque Güell)。在公园中，高迪以超凡的想象力，将建筑、雕塑和大自然环境融为一体。整个设计充满了波动的、有韵律的、动荡不安的线条和色彩、光影、空间的丰富变化。围墙、长凳、柱廊和绚丽的马赛克镶嵌装饰表现出鲜明的个性，其风格融合了西班牙传统中的摩尔式和哥特式文化的特点。公园虽然没有全部建成，但高迪超凡的创造力已令人仿佛置身于梦幻之中。

格拉斯哥学派的代表人物是建筑师麦金托什(Charles Rennie Mackintosh 1868~1928)，在他的早期作品中还有一些曲线风格的特征，到了后期，他超越了对自然的模仿，放弃了几乎所有的曲线，改用直线和简明的色彩。他的代表作有格拉斯哥艺术学校，一些室内及家具设计，这些作品曾在维也纳展出，影响了维也纳分离派的设计风格。

维也纳分离派的先驱是建筑师瓦格纳(Otto

巴塞罗那居尔公园

Wagner 1841～1918），在他的激励下，建筑师奥尔布里希（Joseph Maria Olbrich 1867～1908）、霍夫曼（Josef Hoffmann 1870～1956）和画家克里姆特(Gustav Klimt 1862～1918) 于1897 年一起创办了维也纳分离派，并提出口号："为时代的艺术，为艺术的自由"，其目的在于和学院派分离。他们在设计中整体上采用简单抽象的几何形体，尤其是方形，采用连续的直线及纯白和纯黑的色彩，仅在局部保留少量的曲线装饰，这些与新艺术运动中以自然题材的曲线作为装饰主题的风格相去甚远。

奥尔布里希曾在维也纳国立技术学校、维也纳艺术学院学习，并工作于瓦格纳工作室。1899 年应德国黑森大公路德维希(Ernst Ludwig)之邀去达姆斯塔特，在那里建造一座"艺术家之村"(Kuenstlerkolonie)。路德维希是英国女王维多利亚的外孙，对当时英国的艺术运动非常欣赏，他资助奥尔布里希及贝伦斯等七位前卫艺术家来到达姆斯塔特，希望这里成为德国重要的艺术中心。

作为维也纳分离派创始人以及20 世纪初艺术界重要的人物之一，奥尔布里希的到来，把维也纳分离派的思想带到了德国。园林设计并不是他的主要设计领域，但是影响却非常深远。达姆斯塔特的私人住宅的花园是他最早的园林作品。

1901 年艺术家之村建成两年后，举办了一届德国艺术展，奥尔布里希为展园作了总体规划，在景观设计中，几条轴线、一些硬质景观和一片以方格网种植的悬铃木林很有特色。

1904 年艺术家之村举办了第二届艺术展，但影响较小。1905 年在达姆斯塔特举办了一次园艺展，除总体规划外，奥尔布里希还设计了其中的约1.5hm²的"色彩园"。花园通过1.5m的高差划分为两个部分，下部是花坛园，上部是种植花灌木和一些蓝、黄、红色的草本花卉的色彩园。在园中奥尔布里希更关注于硬质景观，植物并不像他为展览会所画的色彩园的几张明信片上所表现的那样郁郁葱葱。园林展在

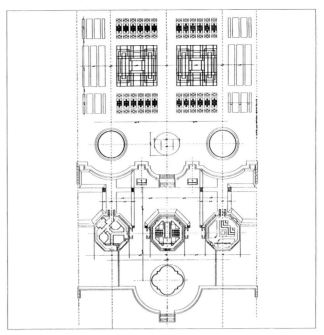

达姆斯塔特色彩园平面图

当时产生了广泛的影响，一时间在德国，月桂树球、攀缘月季、艺术栏杆、装饰门、装饰庭院灯、白漆室外家具在庭院设计中颇为风行。

1908 年，艺术家之村举办了第三次艺术展，奥尔布里希设计建造了新艺术运动中的著名建筑——一个展览馆和一个高50m的婚礼塔。他在景观设计中运用大量基于矩形几何图案的建筑要素，如花架、几级台阶、长凳和黑白相间的棋盘格图案的铺装。植物在规则的设计中被组织进去，被修剪成球状或柱状，或按网格种植。

达姆斯塔特色彩园

13

达姆斯塔特婚礼塔

达姆斯塔特婚礼塔前的环境

布鲁塞尔斯托克莱宫

霍夫曼1905年开始设计的斯托克莱宫（Palais Stoclet）的花园也引起广泛的关注。另外，维也纳设计师雷比施（F. Lebisch）也设计了带有分离派风格的园林，他的作品与奥尔布里希的设计风格非常相似。

新艺术运动中另一个核心人物穆特修斯（Hermann Muthesius 1861~1927)出生于德国Thueringen，曾先后学习哲学和建筑学，1887~1891作为建筑师工作于东京，回国时曾考察中国。1896~1903年作为德国驻英国使馆的文化官员，他曾工作于伦敦，在此期间系统地考察了英国的艺术，包括园林。如同奥尔布里希把维也纳分离派的精神带到德国一样，穆特修斯把当时英国的艺术介绍到了德国。他曾为出版于1903年的一本书作序，该书中收录了麦金托什等人的设计作品。

1904年他出版了颇具影响的三卷本的著作《英格兰的住宅》，推荐英国建筑师布鲁姆菲尔德等人提倡的规则式园林的思想，并得到了广泛响应。书中也收集了当时英国的园林作品。在前言"园林的发展"中，他提出要反对自18世纪以来一直是园林设计的主要形式的自然式园林，他说，当时的英国园林已经不再是风景式园林了，而是几何式园林，是一个建筑的环境，园林不再是模仿外部的自然，而是与建筑之间以艺术的形式相联系。他认为园林与建筑之间在概念上要统一，理想的园林应该是尽量再现建筑内部的"室外房间"，座椅、栏杆、花架等室外家具的布置也应与室内家具布置相似。他在这里指的园林当然是住宅花园。1920年他在文章"几何式园林"中又一次阐明了这一观点。

1907年在柏林建造的自用住宅及办公室是穆特修斯著名的作品，住宅和花园通过一个花架和一个景亭联系，花园分为两个部分，有花床。穆特修斯另一个著名作品是柏林的Cramer住宅，花园由椴树林荫道、黄杨花坛、花架及不同标高的平台组成，通过平台、台阶及花架的组织来连接建筑和园林。

1907年穆特修斯利用当时发行量很大的杂志《周刊》(Die Woche)举办了两次竞赛，并担任评委。竞赛的题目分别是"夏天或假日住宅"及"住宅花园"，后来共出版了三册获奖作品集，含100余个方案。由于穆特修斯是竞赛的发起人，所以很多参赛者都研究他所提倡的建筑及园林风格。这些园林通过墙、绿篱划分成不同的空间，如同住宅的各个房间。花园与建筑紧密联系，成为一个整体。自然的坡地通常被处理成几个平台，花架、廊、敞厅是重要的要素，其布局也在于加强花园与建筑之间的联系。这次竞赛对1909~1914年间在德国建造的住宅及花园的影响非常大，当时建造的很多建筑现在还保存着，可惜保存原貌的园林已经极为少见了，有些花园只是保留下来如台阶、花架、墙、白栏杆、入口大门等一些片段。

1907年，在穆特修斯的推动下，贝伦斯(Peter Behrens 1868~1940)、莱乌格(Max Laeuger 1864~1952)、奥尔布里希、霍夫曼等一批当时艺术与设计精英建立了德意志制造联盟( Deutscher Werkbund)，后来联盟迅速发展，设计范围非常广泛，形成了当时欧洲最具影响力和吸引力的设计力量。尽管联盟并不属

雷比施的园林设计图

于新艺术运动的一个流派，但是其成员大多曾是新艺术运动中的领袖人物，贝伦斯是其中杰出的代表。

贝伦斯生于德国汉堡，1886~1889年在卡尔斯鲁厄和杜塞尔多夫艺术学校学习，1899年应路德维希大公之邀，去达姆斯塔特的艺术家之村。1902年成为杜塞尔多夫艺术学校校长。1907年作为德国通用电器公司的艺术顾问，设计了一些在建筑史上划时代的建筑，并完成了

穆特修斯在柏林的住宅和园林

园林中的石墙、白漆栏杆和入口

大量的产品和广告设计，成为现代运动中举足轻重的人物。1910年前后，格罗皮乌斯（Walter Gropius 1883~1969）、密斯·凡·德·罗（Ludwig Mies van der Rohe 1886~1969）、柯布西耶（Le Corbusier 1887~1965）都曾在他的事务所工作，贝伦斯的思想及设计深深地影响了这三位后来成为现代主义奠基人的建筑师。

1901年在达姆斯塔特的住宅是他的第一个建筑及住宅花园作品。从历史照片和具有青年风格派装饰风格的平面图可以看出，这座园林采用简单的几何形状，平面从建筑的平面发展而来，园中用台阶、园路、不同功能的休息场地及种植池组织地段，尽管面积很小，但已显示出园林有意识地摆脱新艺术运动中的曲线形式，朝向功能主义的方向发展。

1904年贝伦斯在杜塞尔多夫的国际艺术与园艺展览会上第一次设计了大面积的公共环境。1905年在奥登堡的德国西北部艺术展览上设计了园林，1907年在曼海姆庆祝建城300周年举办的园艺展上设计了一个专题花园。这些园林平面非常严谨，园内用精美的园墙、花架、雕塑、绿篱、修剪成圆柱体的植物及正方形的

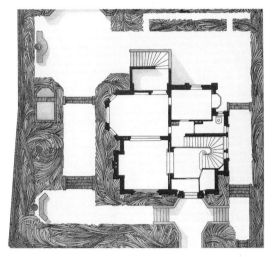

贝伦斯在达姆斯塔特的住宅和花园平面图

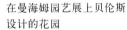

在曼海姆园艺展上贝伦斯设计的花园

种植池来组织空间，园中布置有亭、喷泉、休息场地和装饰优雅的花园家具。

作为当时著名的建筑师及艺术领域的代表人物，贝伦斯尽管完成的园林作品不多，但是却开创了用建筑的语言来设计园林的一种新的风格。

德意志制造联盟的另一位成员莱乌格出生于德国南部，曾在卡尔斯鲁厄的艺术学校学习绘画与室内设计，后来在该市的高等技术学校建筑系任教。与贝伦斯一样，莱乌格在1907年曼海姆园艺展上也设计了园林，其中在展览中心的一个140m×50m的花园尤为引人注目。他把这块地用绿篱、粉墙和木栏杆划分为14个独立的小空间，每一个小空间都有不同的主题，各空间在总体上不能一眼望穿，在不同的空间中种植不同的树种，这种手法后来成为他的园林的主要特征。

莱乌格还设计了一些别墅及花园，黄杨球、修剪的植物、绿篱、有常春藤攀缘的格栅、粉墙、花架、漏空墙及方形的水池是他常采用的造园要素。1909年落成的位于巴登－巴登的2hm²的苟奈尔花园（Gonner）是保留下来不多的新艺术运动的花园之一，花园由修剪的树列分为三部分。

新艺术运动中的设计师们都具有非常广泛的艺术才能，园林并不是他们主要的设计领域，莱乌格可能是这些人中设计园林最多的一位，他的园林抛弃了风景式的形式，把园林作为空间艺术来理解。1910年《装饰艺术》杂志上的一篇文章认为，莱乌格的花园是新园林的典范，很多国外的专业杂志也对他的园林有较高的评价。

卡尔斯鲁厄高等技术学校的另一位教师奥斯滕多夫（Friedrich Ostendorf 1871~1915）由于早逝，仅有海德堡 Krehl 别墅花园等少量作品。1913年他出版了《建筑设计原理》(Theorie des architektonischen Entwerfens) 第一集，并将这本书献给他的同事莱乌格。1914年又出

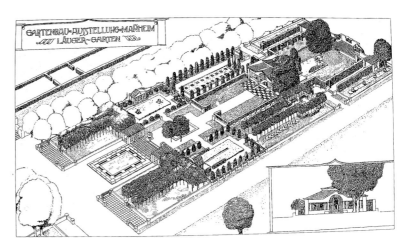
在曼海姆园艺展上莱乌格设计的花园

苟奈尔花园

苟奈尔花园

17

版了《建筑七书》(Sechs Bücher vom Bauen)。与上述的设计师一样，他认为园林要与建筑统一起来，风景式园林的"回归自然"的设计手法是错误的。他书中的园林有明确的由墙及绿篱划分的空间，每一空间有不同的功能，如观赏园、菜园、果园、花园、活动区，园中有花钵、雕塑、喷泉、日晷以及修剪的植物。

### 2.2.3　新艺术运动中的园林的影响

　　新艺术运动虽然反叛了古典主义的传统，但其作品并不是严格意义上的"现代"的，它是现代主义之前有益的探索和准备。新艺术运动涉及的领域非常广泛，传播的范围也很广，但是运动对园林的影响要远远小于对建筑、绘画的影响。上述所涉及的均是新艺术运动中的主要园林作品，他们大多出自建筑师之手，是用建筑的语言来设计的，有明确的建筑式的空间划分、明快的色彩组合、优美的装饰细部。但是新艺术运动似乎在园林设计师中并没有形成主流。事实上，当时大多数园林设计师均反对规则式园林，以英国的鲁滨逊和德国的莱内-迈耶学派(Lenné-Meyersche Schule)为代表，但是，建筑师却在这场争论中巩固了自己在园林设计中的地位，双方论战的结果带来两者的合作。一个有趣的现象是，几个世纪以来自然式与规则式园林的争论从一个侧面推动了西方园林设计风格的不断变化与发展。

　　新艺术运动中的园林以家庭花园为主，面积较大的园林，特别是公园不多，积极推动新艺术思想的展览会园林在展览结束后又多被拆除，所以完整地保留至今的新艺术园林已经很少了，这给研究带来一定的困难。在很多园林史著作中对新艺术运动中的园林或轻描淡写，或忽略而过，这与建筑界和其他艺术领域对新艺术运动的研究形成强烈的反差。今天再重新审视发生于19、20世纪之交的这场虽然短暂，却声势浩大的艺术运动，追溯一个世纪以来园林设计领域的发展与变化，无法否认，新艺术

运动中的园林设计，无论哪种风格都对后来的园林产生了广泛的影响。20世纪20、30年代以法国和美国为首的装饰运动(Art Deco)是新艺术运动的延伸和发展。对法国现代园林作出贡献的设计师斯蒂文斯(Robert Mallett-Stevens)和古埃瑞克安(Gabriel Guevrekian 1900~1970)都曾工作于维也纳分离派建筑师霍夫曼事务所。20世纪30年代美国园林设计师斯蒂里(Fletcher Steele 1885~1971)的一些景观设计明显地带有新艺术运动的曲线特征。高迪的设计风格更是在20世纪60、70年代的"后现代主义"设计中被人推崇，在不少景观设计作品中又出现了似曾相识的手法。新艺术运动中的格拉斯哥学派、青年风格派、维也纳分离派以及后来出现的德意志制造联盟，以雅致的直线与几何形状作为主要设计形式，摆脱了单纯的装饰性，向功能主义方向发展，成为现代主义中"风格派"和"包豪斯学派"的基石。这些设计师多是联系新艺术运动与现代主义运动的关键人物，他们的探索为日后的现代景观奠定了形式的基础。可以说，这场世纪之交的艺术运动是一次承上启下的设计运动，它预示着旧时代的结束和一个新时代——现代主义时代的到来。

# 3 西方现代景观设计的产生

莫奈的绘画 荷花（1916~1920）

莫奈在法国 Normandy 的花园 Giverny（1893~1901）

梵·高的绘画

## 3.1 19世纪下半叶至第二次世界大战期间的现代艺术的发展及对景观设计的影响

19世纪的绘画，巴黎美术学院派代表官方的艺术并得到官方的支持，而率先起来反对学院派艺术的是19世纪60年代至80年代的以莫奈（Claude Monet 1840~1926）为代表的印象派艺术，其后是以塞尚（Paul Cézanne 1839~1906）、高更（Paul Gauguin 1848~1903）和梵·高（Vincent van Gogh 1853~1890）为代表的后印象派。他们的活动中心在巴黎。早期印象派和后期印象派抛弃了学院派灰暗、沉闷的色调，用更加鲜艳和强烈的色彩去记录光和大气，尤其是点彩派的颜色理论，对当时庭院花卉的种植产生过影响。从塞尚起，绘画中反写实、趋抽象的流派日益增多，画家们极力创新、探索新路，艺术界流派纷繁。19世纪的绘画盛于雕塑。罗丹（Auguste Rodin 1840~1917）19世纪后半叶在巴黎艺术舞台的出现，对推动现代雕塑的产生起到了杰出的作用，被认为是"现代雕塑之父"。

19世纪的探索为20世纪奠定了基础，艺术家的探索使古典或传统艺术逐渐解体。在相当短暂的历史时期内，艺术创作的主流发生了由具象到抽象的巨大转变。现代艺术的开端是马蒂斯（Henri Matisse 1869~1954）开创的野兽派（The Wild Beasts）。野兽派形成于

马蒂斯的绘画

1905或1906年，是20世纪最早的现代艺术运动。"野兽"用来形容这些画家的绘画，他们的作品中那令人惊愕的颜色、扭曲的形态明显地与自然界的形状不同。野兽派追求更加主观和强烈的艺术表现，对西方现代艺术的发展产生了重要的影响。

1907年，毕加索（Pablo Picasso 1881~1973）和布拉克（Georges Braque 1882~1963）这两位立体派（Cubism）绘画的领导人全神贯注于绘画艺术的主要问题——形式问题：在一个平的画面上，如何画出立体的自然世界。文艺复兴解决这个问题是采用透视法，而毕加索和布拉克用的是对比法。立体派的画面中出现了多变的几何形体，出现了空间中多个视点所见的叠加，在二维中表达了三维甚至四维的效果。毕加索和布拉克的绘画和他们的观念对艺术界有深刻而直接的影响。立体派的形式在现代建筑运动、现代景观设计运动中产生反应，还影响了装饰设计。在雕塑方面也是一样，立体派有着持续的影响。立体派给予20世纪艺术以新的视觉语言，这种视觉语言被广泛地应用着，特别是在纺织品设计、广告艺术及一切实用美术上尤为普遍。

抽象艺术作为现代艺术的一个重要方面，在1910年前后被艺术家们所展现。抽象艺术以一种信念为基础，即不表现人们可以辨别到的现实世界的事物，抽象的形体和色彩也可以激起观赏者的反应。康定斯基（Wassily

布拉克的绘画

毕加索的绘画

康定斯基的绘画

克利的绘画
"一个花园的规划"

蒙德里安的绘画

Kandinski 1866～1944)是抽象艺术的开拓者，他后来受俄国至上主义和构成主义的影响，绘画从自由的、想像的抽象转向几何的抽象。他认为未来的艺术一定是各种艺术的综合。尽管他的绘画没有直接涉及到园林的题材，但是他的绘画成为许多景观设计的形式语言。

与康定斯基有着密切交往、一同创办德国"蓝骑士"（Der Blaue Reiter）画派的德国画家克利（Paul klee 1879～1940）是一位对任何新奇事物都感兴趣的艺术家，他认为所有复杂的有机形态都是从简单的基本形态演变而来的，他的作品表达了人、动物、植物和景观的相互关系，生机勃勃。1914年克利到突尼斯旅行，北非强烈的阳光和绚丽的色彩给他带来很大的震撼，使他突然"发现色彩"，此后，他的作品不断增加，绘画随心所欲。他画了许多花园题材的绘画，如1922年的作品"一个花园的规划"（Plan for a garden），这些绘画对现代景观设计产生了非常大的影响，英国景观设计师杰里柯（Geoffrey Jellicoe 1900～1996）视克利为导师。

1917年，荷兰一些年轻的艺术家和建筑师组成了一个相对松散的造型艺术团体，取名风格派（De Stijl），成员包括蒙德里安（Piet Mondrian 1872～1944）、杜斯堡（Theo Van Doesburg 1883～1931）、欧德（Jacobus Johannes Pieter Oud 1890～1963）、里特维德（Gerrit Rietveld 1888～1964）等。他们认为以往的设计形式已经过时，最好的艺术应该是基于几何形体的组合和构图，要在纯粹抽象的前提下，建立一种理性的、富于秩序和完

马列维奇的绘画

塔特林的"第三国际纪念碑"

全非个人的绘画、建筑和设计风格。

风格派有两个重要的设计思想影响到包括景观设计在内的设计领域，一是抽象的概念，二是用色彩和几何形组织构图与空间。画家蒙德里安认为绘画的本质是线条和色彩，两者可以独立存在。这一时期他的绘画多是垂直和水平线条，在线条之间是红、黄、蓝等色块，题目为"直线的韵律"、"有黄色的构图"等，他用最简单的几何形和最纯粹的色彩表现事物内在的冷静、理智和逻辑的平衡关系。蒙德里安的绘画对后来的景观设计有深远的影响。

马列维奇（Kasimir Malevich，1878~1935年）是俄国的至上主义（Suprematism）的创始者。"至上主义"亦称绝对主义，用一些方形、三角形、圆形作为"新的象征符号"来创作绘画。按照马列维奇的主张，艺术中最经济的是白底子上的黑方块或者黑底子上的白方块，即黑与白结合。在否定了绘画的主题、题材、物像、思想和感情、内容、空间、氛围感、立体感、透视、色彩、明暗之后，"至上主义"宣布："简化是我们的表现，能量是我们的意识。这能量最终在绘画的白色沉默之中，在接近于零的内容之中表现出来。"这些对于景观设计特别是极简主义的景观有很大的影响。

同时，俄国的塔特林（Vladimir Tatlin 1885~1953年）等人创立了构成主义，又称结构主义。构成主义是一场抽象雕塑运动。抽象艺术家们采用非传统的材料，如木材、金属、玻璃、塑胶等加以焊接、粘贴组合，创造出立体性构成

的雕塑作品，对以后的艺术家包括景观设计师在非传统性材料的使用上产生了很大的影响。构成主义雕塑的探索代表了20世纪工业、科技向艺术渗透的趋向，塔特林创作的"第三国际纪念碑"是这场艺术运动中产生的最重要作品。

另外，在法国的罗马尼亚人布朗库西（Constantin Brancusi 1876~1957）也致力于雕塑的抽象化。上述的艺术家形成了20世纪初抽象艺术的集团。这些艺术家中的一些杰出代表，如康定斯基、克利等人20年代到包豪斯学校中任教，对包豪斯的教学体制的形成起到了重要作用。这一体制成为现代工艺美术、工业设计、建筑设计、景观设计教学的基础，对这些工业结合艺术的学科向现代主义（Modernism）方向的发展起到了重要作用。

20世纪初，视觉艺术中形形色色令人眼花缭乱的运动蜂起。30年代，超现实主义（Surrealism）在巴黎出现。许多超现实主义的画家被梦和潜意识的世界所吸引，常常作画描绘梦境。从一开始，其绘画就分为两支，一支是以米罗（Joan Miró 1893~1983）为代表的有机超现实主义，另一支是以达利（Salvador Dalí 1904~1989）为代表的自然主义的超现实主义。超现实主义艺术家内部的争论对设计师

米罗的绘画

米罗设计的位于法国St Paul
的园林 "The Labyrinth"
(1963~1968)

荷兰三国的建筑师呈现出空前活跃的状况，他们进行了多方位的探索，产生了不同的设计流派，涌现出一批重要的设计师。

或许因为社会的发展还未到一定的阶段，或许因为花园设计难以给当时的建筑师带来很高的声誉，景观设计并不是现代运动的主题。现代设计的先驱者们也很少关注花园设计，他们只将花园作为建筑设计时辅助的因素。然而他们在零星的花园设计中还是表现出了一些重要的思想，并且也留下了一些设计作品和设计图纸，这些对当时的景观设计师起到激励和借鉴的作用。今天，再寻找这些花园已经比较困难了，但是寻找蕴含在其中的现代设计思想有助于我们理解历史的发展。在现代建筑运动的先行者中，有一些流派和设计师对景观设计领域产生了较大的影响。

几乎没有什么影响，对他们来说，更加重要的是从超现实主义中来的生物形态，这种形态可以运用到设计中，包括景观设计中，而没有意识形态的包袱。超现实主义艺术家让·阿普（Jean Arp 1887~1966）和米罗作品中大量的有机形体，如卵形、肾形、飞镖形、阿米巴曲线等，给了当时的设计师新的语汇，这些形体频繁地出现于纺织品、家具、窗帘，甚至新物质胶合板上，肾形的泳池一时成为美国"加州花园"的一个特征。在丘奇（Thomas Church 1902~1978）和布雷·马克斯（Roberto Burle Marx 1909~1992）的景观设计平面图中，乔木、灌木都演变成扭动的阿米巴曲线。

## 3.2  现代建筑运动先驱与景观设计

第一次世界大战后，欧洲的经济、政治条件和思想状况为设计领域的变革提供了有利的土壤，社会意识形态中出现大量的新观点、新思潮，主张变革的人越来越多，各种各样的设想、观点、方案、试验如雨后春笋般涌现出来。20世纪20年代，欧洲各国，特别是德国、法国、

### 3.2.1  门德尔松（Erich Mendelsohn 1887~1953）

20世纪初在德国、奥地利首先产生了表现主义的建筑、绘画和音乐。表现主义（Expressionism）认为艺术的任务在于表现个人的主观感受和体验，创作的手法取决于艺术家主观表现的需要，程度不同地歪曲以自然为基础的形态，以此来产生对观赏者的视觉冲击。德国建筑师门德尔松是表现主义的代表人物，他与表现主义画家、"蓝骑士"成员克利、康定斯基等有着很深的交往。

20年代，门德尔松做了许多建筑，留下了大量用流畅的粗线条勾画的充满动感、富有表现主义风格的设计草图。一些项目是他与建筑师纽特拉（Richard Neutra 1892~1970）合作的。他常采用曲线、奇特夸张的建筑形体来表现某些思想或精神，爱因斯坦天文台是其代表作品。门德尔松喜欢在起伏的场地上建造建筑与环境。他非常喜爱植物、阳光和阴影，建筑常常坐落在花丛之中。他最大的花园设计是魏茨曼（Weizmann）教授的别墅花园，别墅坐落在一座小山上，花园中的小路、平台和布置

门德尔松设计的
爱因斯坦天文台

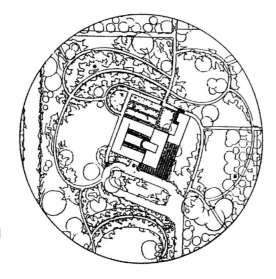

门德尔松设计的
魏茨曼别墅花园平面图

里特维德设计的
荷兰乌特勒支的施罗德住宅

有常绿植物的台地都是由流畅的曲线构成的，一如他的建筑。

二战时门德尔松到了荷兰和英国，1941年移居美国，对这些国家的建筑与景观设计产生了影响。

### 3.2.2　荷兰风格派（De Stijl）

1917年，一些艺术家和设计师在荷兰创立风格派，主张净化了的美学，由横竖线条和原色红、黄、蓝及黑、白、灰色组织构图。最能体现风格派的建筑是里特维德（Gerrit Thomas Rietveld 1888～1964）1924～1925年设计的荷兰乌特勒支(Utrecht)的施罗德住宅（Schröder House）。简单的立方体、光洁的白、灰色混凝土板，白、红、黑色的横竖线条和大片玻璃错落穿插，如同蒙德里安的绘画。平坦的方形花园面积虽小，但与建筑互相呼应，同时展现出一种开放的特征。

画家、建筑师杜斯堡曾设计了一些花园，他将花园视为建筑室内的延伸。在弗里斯兰德（Friesland）的一所住宅设计中，他将室内和外部的门窗都涂上原色，如蓝色的窗框、红色的门和黄色外墙。花园中的几何种植池中生长着郁金香和其他球根花卉，还有一年生的罂粟和矢车菊等植物，展现出纯洁的色彩构图。

在德拉赫特（The Drachten）住宅设计

杜斯堡设计的园林雕塑

中，杜斯堡运用了复色，如紫色、橙黄和绿色。涂成了黑色的种植池中是开红、黄、蓝和白色的花卉，如同风格派的绘画。他认为所有的平面都要有颜色的对比，这样才能产生韵律。杜斯堡当时经常去包豪斯教学，也把荷兰风格派的思想带到了包豪斯。

格罗皮乌斯设计的
包豪斯教师住宅和园林

### 3.2.3　包豪斯（Bauhaus）

从20世纪开始，德国成为欧洲建筑哲学进步思想的中心。"德意志制造联盟"致力于美术与工业的结合。格罗皮乌斯、密斯、柯布西耶都曾在贝伦斯的事务所中工作过。1919年建筑师格罗皮乌斯（Walter Gropius 1883～1969）将万特维尔德(Henry-Clément van de Velde 1863～1957) 创办的魏玛艺术学校发展为融建筑、雕刻、绘画于一炉、艺术结合科技而以建筑为主的"包豪斯"（Bauhaus）学校。他发扬"德意志制造联盟"的理想，从美术结合工业探索新建筑精神。包豪斯在教学中强调自由创作，反对墨守陈规，将工艺同机器生产相结合，强调各门艺术间的交流，特别是建筑要向当时已经兴起的立体主义、表现主义和超现实主义

绘画和雕塑学习。这些思想吸引一些最为激进的青年画家、设计师来到包豪斯，包括布劳耶（Marcel Breuer 1902～1981）、康定斯基、克利、密斯·凡·德·罗、拜耶（Herbert Bayer 1900～1987）等。一时间，包豪斯成为20年代最激进的艺术汇集地之一，在包豪斯任教的众多的教师大多成为现代运动的代表人物。

1926年，由于政治上的原因，包豪斯迁址到德绍由格罗皮乌斯设计的校舍中。1933年包豪斯被关闭，大多数教师移民国外，很多去了

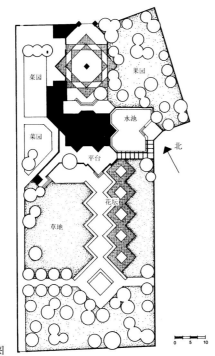

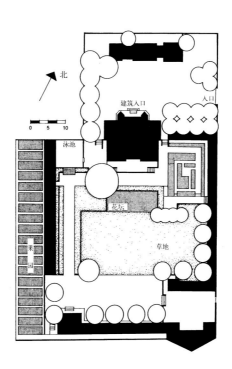

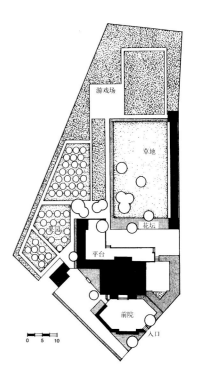

格罗皮乌斯设计的园林平面图

美国，将包豪斯的思想也带到了全世界。格罗皮乌斯1937年离开欧洲到美国哈佛大学任教，将欧洲新建筑的思想传播到美国，彻底改变了哈佛建筑学专业的学院派教学，也影响到了景观设计专业，成为推动"哈佛革命"的动力之一，对促进美国现代景观的产生和发展起了间接的作用。包豪斯学校在现代建筑、工业设计和工艺美术史上具有极为重要的地位，其教育宗旨和教学法名闻世界。

包豪斯先后有三位校长，格罗皮乌斯任校

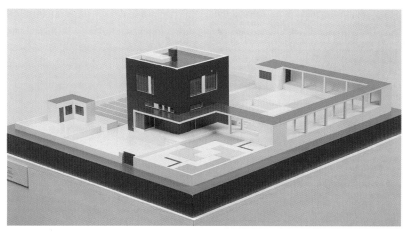

莫尔纳设计的住宅和
园林模型照片

长时期的包豪斯（1919~1928）教学涉及领域非常广泛，包括建筑、雕塑、绘画、工艺、舞蹈、音乐等，他还曾经要求在学校中设立景观或花园设计学科，尽管没有实现，但是他自己的作品还是涉及到了这一领域。格罗皮乌斯曾说，房子在建造之前，场地就应经过设计，要提前做花园、墙和栅栏，使建筑与环境成为一体。他也设计了一些住宅花园，尽管这些花园

密斯·凡·德·罗设计的
巴塞罗那世界博览会德国馆

已不存在，但是从设计的平面图中还可清晰地看出设计的思想。园林充分考虑了使用功能及经济的要求，有平台、草地、果园、蔬菜园、游戏区。设计朴实无华，没有轴线，更不对称，与建筑浑然一体。在1925年由格罗皮乌斯设计的包豪斯教师住宅花园中，他又用了另一种手法，花园几乎没有人工的要素，全是自然的草地树丛，白色的立方体建筑与松林为伴，两者形成强烈的对比。

1926年由莫尔纳（F.Molnár）设计的住宅花园更能体现包豪斯的思想。与格罗皮乌斯的设计相似，这个花园注重空间的塑造，建筑与花园紧密相连，同样没有轴线与对称。显然，设计受到了荷兰风格派的影响。

在包豪斯的后两任校长梅耶（Hannes Meyer）和密斯·凡·德·罗时期，学校更多地注重建筑设计的领域，其他方面涉及较少。密斯设计的1929年巴塞罗那世界博览会德国馆建筑充分体现了建筑与景观的结合。这个由几片大理石及玻璃墙体构成的空间流动的建筑，在屋顶部分之外有两个庭院，庭院中都以矩形的水池为中心，室内各部分之间、室外各部分之间、室内外空间都相互穿插、融合，没有明显的分界，简单纯洁、高贵雅致。这个在建筑史上里程碑式的建筑的空间处理对后来众多的景观设计师产生了巨大的影响，如埃克博（Garrett Eckbo 1910~2000）和克雷（Dan Kiley 1912~ ）等。

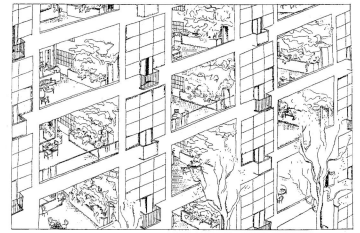

1922年柯布西耶设计的
Immeuble公寓立面细部——
"空中花园"（Hanging Gardens）

柯布西耶设计的巴黎"新精神住宅"

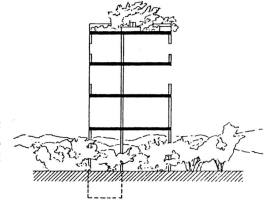

柯布西耶的"新建筑"示意：自然在架空的建筑底层穿过，屋顶花园与天空和周围的自然密切联系

### 3.2.4　勒·柯布西耶(le Corbusier 1887~1965)

　　柯布西耶是现代运动的激进分子和主将，也是20世纪最重要的建筑师之一。1923年柯布西耶出版了被认为是现代主义宣言的《走向新建筑》一书，在书中他强烈地反对因循守旧，激烈主张表现新时代的新建筑。柯布西耶一生致力于建筑设计，或许因为他的建筑成就过于辉煌，而在他的理论与言语中又难得涉及景观，所以人们很少关心他对景观设计作出的贡献。但是，从柯布西耶那充满了绿色植物的建筑草图和建筑画中，能领略他的建筑与景观的关系。

　　柯布西耶提倡现代花园中民主的设计思想，认为阳光、空气、植被及新型钢架和混凝土的建造形式是平均社会分配、缩小富人和穷人住宅差距的手段。1925年在巴黎"国际现代工艺美术展"上，柯布西耶设计了一栋小住宅——"新精神住宅"(Pavillon de L'Esprit Nouveau)，建筑中一些小的私密性房间围绕着一个有大玻璃窗的起居室。由于基地有一株大树，柯布西耶在建筑的屋顶开了一个圆洞，让大树穿顶而过，体现了建筑与环境的紧密结合。

　　1926年他就住宅的设计提出了新建筑的五个特点：底层架空、屋顶花园、自由的平面、自由的立面、水平向长窗。这些特点也体现在他的一系列作品中，自然在建筑的底层穿过，连续不断；建筑顶部的屋顶花园又是与浩渺的天空和周围的自然密切联系的场所。

　　柯布西耶1925年设计的迈耶别墅（Villa Meyer）和彻奇别墅（Villa Church）等都带有屋顶花园或平台，其设计手法是与他的建筑精神完全一致的。最著名的是1929至1931年设计的萨伏伊别墅（Villa Savoye）。别墅坐落在一块富有诗意的原野上，建筑底层架空，不阻碍自然地形的延续。屋顶花园作为起居室的延伸，有草地、花池和用来跳舞及用餐的空间，还利用框景将周围的原野风光引入屋顶花园中。1930年，在位于巴黎的贝斯特古屋顶（Beistegui Rooftop），柯布西耶设计了一系列不同标高的室外屋顶空间。他在1947~1952年间设计的马赛公寓，屋顶平台的巨大塑石与远处山脉的轮廓相呼应。柯布西耶的设计，从一个侧面提出了与现代建筑相适应的一种园林风格，并为景观设计师们展现了如何将现代建筑的语言转化到景观设计中去。柯布西耶一生风格多变，他的影响随其建筑实践传播到巴西和印度。巴西的规划师科斯塔（Lucio Costa 1902~ ）、建筑师尼迈耶（Oscar Niemeyer 1907~ ）和景观设计师布雷·马克斯（Roberto Burle Marx 1909~1994）在推动巴西现代运动的发展过程中，深受柯布西耶的影响。

柯布西耶设计的萨伏伊别墅

萨伏伊别墅屋顶花园

马塞公寓屋顶花园

### 3.2.5 赖特(Frank Lloyd Wright 1867~1959)

19世纪的后20年，美洲大陆的芝加哥学派在新生风格尤其在高层建筑造型和结构上达到较高的成就，具有世界性的影响。美国现代建筑大师赖特曾工作于芝加哥学派建筑师沙利文事务所，后来独立开业。从19世纪末到20世纪初的10年中，他在美国的中西部设计了许多小住宅，这些住宅大多坐落于郊外，材料选用木、石、砖等，建筑强调水平方向的伸展，有出檐很大的坡顶，与广阔的大地融为一体，富有田园诗意。室外平台和阳台上布置着花卉，一些屋顶上有种植池，植物从上面垂下来。这些住宅被称为"草原式住宅"。后来赖特提出的"有机建筑"的思想就是在草原式住宅设计过程中形成的。这些建筑当时在美国并未引起重视，然而，随着1910年赖特的建筑画和作品集在柏林出版，他的作品被介绍到欧洲，引起了广泛的兴趣。

赖特将自己的建筑称为"有机建筑"(Organic Architecture)，他在文章或讲演中经常谈到有机建筑理论，认为一栋建筑除了在它所在的地点之外，不能设想放在任何别的地方。它是那个环境的一个优美部分，它给环境增加光彩，而不是损坏它。赖特认为有机建筑就是"自然的建筑"，自然界是有机的，建筑师应该从自然中得到启示，房屋应该像植物一样，是"地面上一个基本的和谐的要素，从属于自然环境，从地里长出来，迎着太阳。"

赖特经常采用一种几何母题来组织构图和空间。1911年他设计了"西塔里埃森"(Taliesin West)作为学校和居住建筑。他在一个方格网内，将方形、矩形和圆形的建筑、平台和花园等组合起来，用这些纯几何式的形状，创造出与当地自然环境相协调的建筑及园林。这种以几何型为母题的构图形式对现代景观设计很有影响。

赖特设计的建筑中最被津津乐道的是"落

# 4 英国的景观设计

## 4.1 唐纳德（Christopher Tunnard 1910～1979）

在20世纪20、30年代，欧洲的景观设计师开始将抽象的现代艺术与历史上规则式或自然式的园林结合起来，建造了一些现代园林。但很少有人从理论上探讨在现代环境下设计园林的方法。英国的唐纳德于1938年完成的《现代景观中的园林》（Gardens in the Modern Landscape）一书，填补了这一空白。他在书中提出了现代景观设计的三个方面，即功能的、移情的和艺术的。唐纳德认为，功能是现代主义景观最基本的考虑，是三个方面中最首要的。功能主义使景观设计从情感主义和浪漫主义中解脱出来，去满足人的理性需求，如休息和消遣。唐纳德的功能主义思想与建筑界类似的倾向有很紧密的联系，事实上，他从建筑师卢斯（Adolf Loos 1870～1933）和柯布西耶的著作中吸取了精髓。移情的方面，来源于唐纳德对日本园林的理解。在19世纪末、20世纪初欧洲艺术的转变中，日本文化产生了很大影响。日本园林，尤其是枯山水园林引起了欧洲景观设计师们极大的兴趣。唐纳德从未实地考察过日本园林，但在一系列分析中很好地把握了日本庭院的本质。他提出要从对称的形式束缚中解脱出来，提倡尝试日本园林中石组布置的均衡构图的手段，以及从没有情感的事物中感受园林的精神实在的设计手法。第三个方面，是在景观设计中运用现代艺术的手段。现代艺术家们不仅在处理形态、平面和色彩方面令景观设计师们大开眼界，雕塑家也可以向景观设计师们传授对于材料、质感和体积的理解。

唐纳德出生于加拿大，1928年他来到伦敦，学习园艺和建筑结构，1932～1935年，他在景观设计师凯恩（Percy Cane)的事务所工作了将近3年时间，受凯恩的影响，欣赏日本园林，可是凯恩对现代主义所持的矛盾态度，又使他非常失望，于是他开始游历欧洲大陆，考察了瑞典的自然主义园林和法国与比利时的现代园林，并结识了比利时景观设计师Jean Caneel-Claes。相比起英国中产阶级的栽种大量园艺植物的花园，唐纳德更欣赏瑞典的自然有机式的设计风格。

唐纳德与艺术界和建筑界的许多人士保持着密切的关系，他的堂兄、画家J.唐纳德（John Tunnard 1900～1971）受到克利和米罗的影响，在30年代转向了前卫的抽象主义和超现实主义绘画，还和亨利·摩尔等人共同举办过展览。另一位堂兄V.唐纳德（Viola Tunnard）是著名的音乐家。唐纳德与建筑师谢梅耶夫（Serge Chermayeff）有良好的交往，谢梅耶夫也与门德尔松（Erich Mendelsohn 1887～1953)有着经常的合作。唐纳德独立开业后，于1937年开始在《建筑评论》（Architecture Review）上发表一系列文章，后来这些文章被

"本特利树林"

整理成《现代景观中的园林》一书。虽然，唐纳德的观点几乎全是从同时代的艺术和建筑思想中吸取过来的，但他列举的一些新园林的实例，如古埃瑞克安在法国南部 Hyeres 为 Noailles 设计的三角形花园和 Jean Canneel-Claes 在布鲁塞尔的私家花园等，仍然对当时英国的优雅浪漫的园林设计风格产生了很大冲击。他还在书中提到了柯布西耶的萨伏伊别墅，认为这个方案用线、面和体积的构图创造了空间，对于景观设计是非常有启发的。

在他自己的设计作品中，唐纳德抛弃了传统园林中那些虚饰和过分的幻想，但他喜欢18

世纪传统花园中的两个方面，即框景和透视线的运用。不过，他使用的框景似乎更受到萨伏伊别墅屋顶花园的混凝土框架的启发。他是那个时代能用现代主义建筑语言设计园林的极少数景观设计师之一。唐纳德与"现代建筑研究小组"（MARS）联系密切，经常一起合作，MARS是CIAM（国际现代建筑协会）在英国的分支机构。可以看到，唐纳德的思想和作品与CIAM的主张十分接近，比如他的社会思想。此外，尽管他提出了景观设计三个方面的主张，但在他的作品中，功能主义还是占据了主导地位。

1935年，唐纳德为建筑师谢梅耶夫(Serge Chermayeff)设计了名为"本特利树林"（Bentley Wood）的住宅花园。花园的露台设计，显示了唐纳德的现代景观设计三个方面的直接和精美的表达。住宅的餐室透过玻璃拉门向外延伸，直到矩形的铺装露台。露台的一个侧面用墙围起来，尽端被一个木框架限定，框住了远处的风景。在木格附近一侧的基座上，侧卧着亨利·摩尔的抽象雕塑，面向无垠的远

"本特利树林"

方。基座一旁有一小段台阶。这里，唐纳德将功能、移情和艺术完美地结合起来。

1936~1938年唐纳德设计了位于Chertsey的St.Ann's Hill的住宅花园。基地位于一个风景园的环境中，园林的历史可以追溯到17世纪。原有的坡顶的建筑边上，是澳大利亚建筑师麦克格拉斯（Raymond McGrath）设计的白色的现代主义住宅。唐纳德在设计中保留了

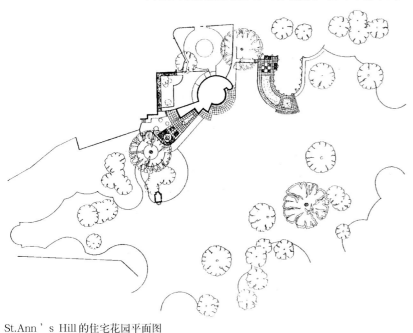

St.Ann's Hill 的住宅花园平面图

St.Ann's Hill 的住宅花园

新、旧建筑之间原有的荷兰式厨房花园和基地上较好的植物，并把住宅、花园和周围的风景园有机地结合在一起。在紧临建筑的一侧，布置了一个规则式的平台花园，有水池和漂亮的花卉。一道特别开敞的翼墙分隔了平台和缓坡草地，空间虽有区分，自然的景色却一览无余。在建筑的另一侧，非常大胆地布置了弧形的泳池平台，弧的中心是美丽的杜鹃花灌丛。在建筑的屋顶花园上，可以透过建筑上白色混凝土构架形成的框景，欣赏花园和周围多样的大自然景观。

1939年，他参加了为伦敦的发展而规划的"全欧住宅"（All-Europe House）的社会工程。他在设计中注意了蔬菜园、花园和公共花园之间的区分与结合。这是一个非常简洁的日常生活的空间组织，是现代主义社会理想的体现。

1939年，当他正在指导"全欧住宅"花园的建造时，收到了担任哈佛大学设计研究生院院长的格罗皮乌斯请他去哈佛教学的邀请。于是，他离开了硝烟弥漫的欧洲，到美国寻找他更广阔的发展前途。他加入哈佛大学格罗皮乌斯的研究室，在那里他接触了当时在哈佛占主导地位的奥姆斯特德学派的设计思想，承担规划的课程、举办讲座，也完成一些住宅花园的项目，他的教学和设计保持了现代主义的特色，这些必然与当时哈佛的景观规划设计专业保守的教学相冲突。他的现代景观设计的思想影响了一批学生，这些人后来对现代景观设计

St.Ann's Hill 的住宅花园

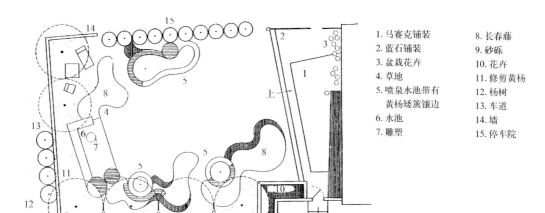

| | |
|---|---|
| 1. 马赛克铺装 | 8. 长春藤 |
| 2. 蓝石铺装 | 9. 砂砾 |
| 3. 盆栽花卉 | 10. 花卉 |
| 4. 草地 | 11. 修剪黄杨 |
| 5. 喷泉水池带有 | 12. 杨树 |
| 黄杨矮篱镶边 | 13. 车道 |
| 6. 水池 | 14. 墙 |
| 7. 雕塑 | 15. 停车院 |

唐纳德为 Rhode Island 的 Newport 设计的一个园林的平面图

做出了重要贡献，如罗斯（Jame Rose 1910~1991）、克雷（Dan Kiley 1912~ ）和埃克博（Garrett Eckbo 1910~2000）。

1942年他发表了文章"现代住宅的现代园林"（Modern Gardens for Modern House）。或许受格罗皮乌斯不要历史的影响，文中他去掉了《现代景观中的园林》中欧洲园林史部分。他提出，景观设计师必须理解现代生活和现代建筑，抛弃所有陈规老套，20世纪的设计就是没有风格的。在园林中要创造三维的流动空间，为了创造这种流动性，需要打破园林中场地之间的严格划分，运用隔断和能透过视线的种植设计来达到。文中提到了园林中使用的一些新材料，如玻璃、耐风雨侵蚀的胶合板和混凝土。园林的这些特点在他设计的 Rhode Island 的 Newport 的一个园子中体现出来。花园中，草地从建筑平台延伸至一个矩形水池边，池中布置着现代雕塑，几株紫杉与它取得构图上的均衡。在左边的草地上，有两个圆形水池和绿篱，右边有一个稍大一点的水池，中间有喷泉。这个设计考虑了形式、光影以及灵活的室外空间，并用类似建筑的手法来处理植物材料。

1943年，唐纳德应征入伍，在一次非战斗事故中失去了一只眼睛。战后的1945年，出于对社会的关注，他去耶鲁大学城市规划系任教，从此，离开了景观规划设计学科而转向城市规划，这对景观规划设计行业来说是一个不小的损失。

在耶鲁大学工作期间，唐纳德写了许多著名的有关城市规划的书籍，包括1953年出版的《人类的城市》（The City of Man）等，他的成就发展了区域或线形城市的概念，在1975年退休后，仍致力于建筑历史保护工作。

## 4.2 杰里科（Geoffery Jellicoe 1900~1996）

杰里科出生于伦敦的切尔西（Chelsea），两岁时随父母迁到苏塞克斯（Sussex）Rustington 的一个海滨小村庄，父母在那里的住宅建造是杰里科最早对建筑的体验。1918年，他来到伦敦的"建筑协会学校"（Architectural Association School）学习建筑学，主要受到古典设计的熏陶。1924年，为了写关于意大利文艺复兴园林的毕业论文，他和同学谢菲尔德（Jock Shepherd）来到意大利，对一些著名的意大利园林进行了研究和测绘。朗特花园（Villa Lante）中建筑、水体与植物完美的平衡构图；加贝伊阿阿花园（Villa Gamberaia）别墅前长长的笔直的步道；塞提那勒花园（Villa Cetinale）穿越密林的登山步道 加佐尼花园(Villa Garzoni)中的链式瀑布 布玛簇花园（Bomarzo）的新奇与神秘都深深

杰里科像

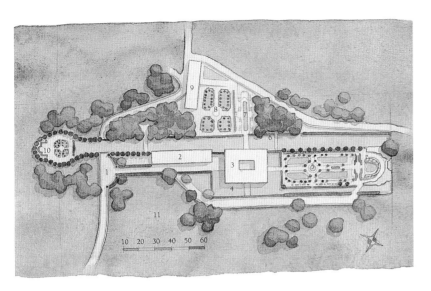
《意大利文艺复兴园林》一书中加贝阿伊阿花园平面图

地吸引着杰里科。那时有关文艺复兴建筑的研究已经非常全面和深入，然而对与这些建筑有密切关系的花园的研究还是空白，也基本上没有这些园林的图纸资料。所以，当1925年他们的成果《意大利文艺复兴园林》(Italian Gardens of the Renaissance) 出版时，立即成为这一领域的权威著作，而且迄今为止也没有失去其价值，书中精美的水彩渲染的平面图和钢笔线描的透视图仍不断地被各种书籍引用。那时杰里科只有25岁，在他从事现代景观设计之前，对古典园林已经有了深入的研究，这一经历也深刻地影响了他的景观设计的生涯。

毕业后，杰里科在建筑协会学校任教，和谢菲尔德一起从事建筑实践。1931年，杰里科成立了一个景观设计的咨询公司。从1925年《意大利文艺复兴园林》的出版到1992年完成美国亚特兰大历史花园 (Atlanta Historical Gardens)，杰里科的设计生涯几乎跨越70年的时间，完成了100多个项目，从小的城市花园到大的旅游综合体，还有王室领地，其中大约60个是关于景观的。

杰里科的设计生涯可以分为3个阶段。第一阶段从1927～1960年，这个阶段主要有三种因素影响着杰里科，首先是对意大利文艺复兴花园的研究，使他能够深入思考建筑及其环境之间的整体关系。其次是随后在建筑协会学校

5年的执教生涯，使他融入了那个时代的前卫艺术之中，他的思想与现代艺术的发展保持着同步。第三是挚友、家具设计师鲁赛尔(Gordon Russell) 对他在花园与建筑设计上的支持。还有一点非常重要，在1936年他与著名历史学家佩尔斯爵士(Sir Bernard Pares)的女儿苏珊·佩尔斯 (Susan Pares) 结婚。苏珊精通植物，在杰里科的一些设计中，她承担种植设计。

20世纪30年代，杰里科已经有了一定的名气，他是建筑师、景观设计师、著名的建筑协会学校的教师、规划师。他是英国景观设计师学会 (Institute of Landscape Architects) 的创建者之一，并从1939年起担任了10年学会的主席。1948年他还担任了国际景观设计师联合会（IFLA）的首任主席。

对大多数设计师来说，30年恐怕已是他们职业生涯的全部，而对杰里科来说，到1960年他60岁的时候，才完成职业设计生涯的前期阶段。从一开始，杰里科的设计就不局限于英国传统的园林形式，来自意大利、法国等欧洲国家的思想都影响着杰里科。这一时期重要的项目有彻德峡谷工程（Cheddar Gorge）和迪去雷庄园（Ditchley Park）。

彻德峡谷工程在20世纪30年代的英国建筑界占有显著的地位，可惜目前原状已经改变了。

杰里科设计的彻德峡谷的岩洞入口

迪去雷庄园

素。迪去雷庄园的设计奠定了他在园林史上的地位和声誉。

杰里科设计生涯的第二阶段是1960～1980年。1960年他已成为英国景观设计的代表人物。这期间他的作品进入了一个变化的阶段，杰里科改变了以往多种手法并用的方式，转而单一地运用他所积累的技巧。他的设计哲学也非常明显地加深了，他的形式语言逐渐演化并得到提炼。他也经常在现代主义和古典世界之间来回穿梭，而且坚信这两种风格都是非常有必要的。他的这一思想使他在后现代主义时期受益匪浅。他综合历史和现代园林的主要设计要素，在经常运用长步道或平台的基础上也注重水的应用，他和夫人出版了《水——景观中水的应用》（Water-the Uses of Water in

这是位于一个著名的岩洞前的一组现代主义风格的服务设施建筑，包括旅馆、小卖部和博物馆。杰里科的设计明显受到了德国建筑师门德尔松的影响，他在崖洞入口的两侧插入了两座前面呈半圆形的建筑，其他部分利用高差，依山体设置，呈两层退台布置。二层的水池正好位于一层能容四百人的餐厅的屋顶上，屋顶覆盖着透明的玻璃材料，室内用餐的人可以看到池中的金鱼。杰里科还完成了室内设计，甚至餐具的设计，家具设计师鲁赛尔设计了高质量的家具。

1935年杰里科开始设计位于牛津郡（Oxfordshire）北部的迪去雷庄园。园林设计受到文艺复兴园林的影响。在园中杰里科设计了一个有喷泉的下沉式的半圆形水池，水池被紫杉高篱围绕着，人们可以在水池中嬉水。杰里科还沿着水面设计了一个长平台，后来，这种长平台逐渐成为他的设计中常用的景观要

迪去雷庄园

Landscape）。这期间重要的作品有肯尼迪纪念园（The Kennedy Memorial）和舒特住宅花园（Shute House）。

1963年11月22日肯尼迪总统遇刺后不久，英国政府决定在兰尼米德（Runnymede）一块可以北眺泰晤士河的坡地上建造一个纪念花园。杰里科的设计用一条小石块铺砌的小路蜿蜒穿过一片自然生长的树林，引导参观者到山腰的长方形的纪念碑。纪念碑和谐地处在英国乡村风景中，像永恒的精神，给游人凝思遐想。白色的纪念碑后的美国橡树在每年11月份叶色绯红，具有强烈的感染力，这正是肯尼迪总统遇难的季节。再经过一片开阔的草地，踏着一条规整的小路便可到达能让人坐下来冥思的石凳前，这里俯瞰着泰晤士河和绿色的原野，象征着未来和希望。杰里科希望参观者能够仅仅通过潜意识来理解这朴实的景观，使参观者在心理上经过一段长远而伟大的里程，这就是一个人的生、死和灵魂，从而感受物质世界中看不到的生活的深层含义。

肯尼迪总统纪念碑

肯尼迪总统纪念园平面图

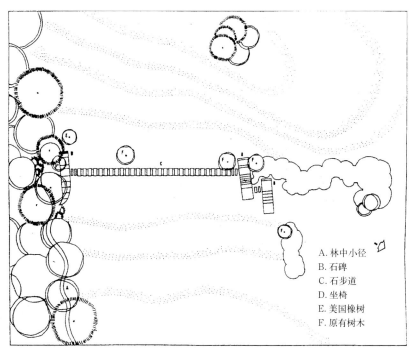

A. 林中小径
B. 石碑
C. 石步道
D. 坐椅
E. 美国橡树
F. 原有树木

当年杰里科为罗纳德·屈和南希·屈夫妇（Ronald and Nancy Tree）设计了迪去雷庄园。所以他们的儿子米歇尔·屈和夫人安尼·屈(Michael and Anne Tree)在1968年获得位于威尔特郡的建于18世纪早期的舒特住宅时，便邀请杰里科设计花园。舒特住宅的建筑是多种风格的集合：罗马、中世纪、文艺复兴、维多利亚式和现代的。景观就像这座住宅一样，有着浪漫的情调。水面穿过林地融于远处的城镇风景中，沿着水渠，一条古老的道路穿过英格兰南部的原野。

杰里科被舒特住宅那富有潜力的场地吸引了，发现这是一个难得的机会，在这块场地上能创造连续的景观，并且能够长时间地尝试验证他的设计思想。在这个项目中，杰里科持续了大约20多年，完成了规划和水景工程，而安

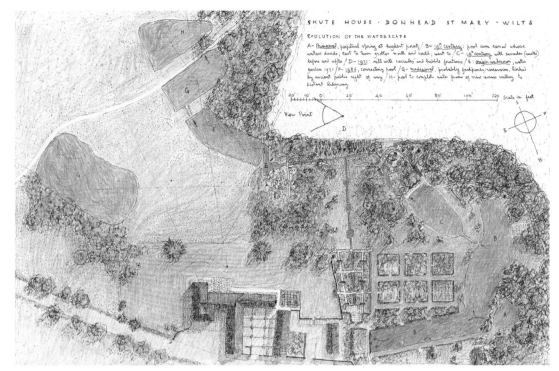

舒特住宅花园平面图

舒特住宅花园中的跌水

尼女士完成了种植设计。

　　舒特住宅花园位于一块倾斜的场地，朝向南面远处的城镇，在坡地的顶部有一支古老的泉水，杰里科用这股泉水，创造了丰富的水景。他改造了原来高篱所围绕的水渠，成为一条空间开合多变的水系。在远处布置了三位罗马诗人的半身胸像。在静谧的小树林中，布置着水池，杜鹃花和古典雕塑，如真人尺度横卧着的

舒特住宅花园中的水园
与古典雕塑

舒特住宅花园中的链式小溪

舒特住宅花园中的植物攀援架

纪和文艺复兴的过渡形式，是英国现存的那个时期最好的建筑。这个16世纪留下来的园林，最初由威斯顿（R.Weston）设计，后来又经布朗改建，近代又有杰基尔女士做过设计。不过，这些景观后来都消失了，只留下了U形的朝北的住宅，西面有一个辅助庭院，一条长长的轴线从入口主路穿过入口庭院和住宅中心。1979年富有的收藏家西格（Stanley Seeger）获得了这块土地，第二年杰里科做了景观设计。

莎顿庄园被认为是杰里科作品的顶峰。杰里科设计了围绕在建筑东西两侧的一系列小花园，包括苔园、秘园、伊甸园、厨房花园和围墙角的一个瞭望塔。在建筑西边杂院的后面，有一个墙围合的花园，中心是矩形的水池。这个花园通向一个更大的布置着花坛和小果树林的厨园。在东面，穿过法国式的园门，踏着长水池中的汀步，穿过壕沟，便来到了伊甸园，这是一个半规则式的花园，布置着凉亭和植物的攀缘架，它和苔园被绿篱分隔开来。苔园是一个私密性很强的花园，这是一个封闭的看起来很自然的场地。平面上基本是两个相交的圆，一块植着苔藓，一块是草地，一条弯曲的铺着块石的园路通向墙角的一个二层小塔。

建筑的南面是长步道，部分路段上覆盖着凉亭，创造出带着浓荫又稍有点神秘的植物通道，长步道将意想不到的多个元素并置起来，它引导人们来到一个原有的水池和一个英国艺术家尼科尔森（B.Nicholson）创作的白色大理石几何雕塑前。这条长步道的一端布置着一个露天音乐剧场，剧场中心是草地，周围是由紫杉树篱围合的包厢式的小空间，剧场里布置可移动的座椅。长步道南侧的草地斜坡上，沿着建筑的轴线，设计了一组链式瀑布。从最高处的长方形水池开始，当溪水流到树林时水池逐渐伸长，形状也更加随意，变成一串长的鱼形池塘，水池、池塘之间形成了瀑布，最终消失在树林背后。杰里科在住宅北面设计了一个鱼形的湖，从住宅和入口的道路上都可以看到。

牧羊神和勒达神（Leda）的雕像，倒映在水中。最引人注目的是链式小溪，水不断跌落下来，先是伴着音乐般响声的小瀑布，然后是汩汩的喷泉，再到平静的水池，最后终端布置着一个古典雕塑。这条小溪的原型来自于中东地区的灌溉系统，它在一些20世纪的优秀花园中也有应用，如路特恩斯设计的一些园林之中。舒特住宅花园的小溪的周围是自然的环境，穿过植物丰富的小花园和平整的草地。

杰里科设计生涯的第三阶段从1980开始直至他去世前，这时杰里科的名字随着媒体的报道和他自己的文章而广为人知，他的作品更为丰富、成熟，设计也更加炉火纯青。这时他也逐渐发展成熟了一套图纸的表现技法，用细密的、随意的徒手钢笔线条结合彩色铅笔作图，更增添了设计方案给人的神秘和潜意识的印象。

位于吉尔德福德（Guildford）的莎顿庄园（Sutton Place）始建于1521年，建筑是中世

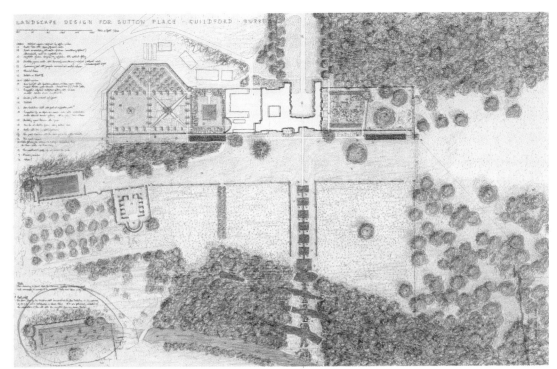

莎顿庄园平面图

莎顿庄园中的伊甸园

莎顿庄园中的瞭望塔

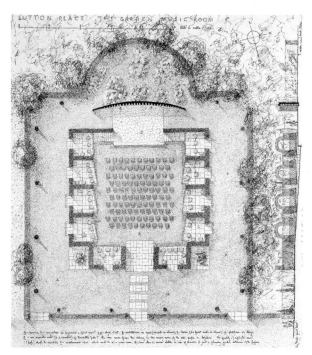

莎顿庄园中的露天音乐剧场平面图

这个设计在许多方面受到了意大利文艺复兴园林特别是手法主义园林的影响。杰里科试图赋予园林一些含义，是要引喻人在宇宙中的位置等一系列的事物和思想。鱼形的池塘和小湖，引喻水和更神秘的东西，它与周围的小山精心组合，代表着阴阳结合。整个园林似乎微妙地潜藏着一些当今世界之外的东西。杰里科认为，景观是历史、现在和将来的连续体。在这种意义上，莎顿庄园的设计是连续的，是现存轴线、视景线和原先设计者可能的设计意图的发展。

后来西格出售这座住宅时，杰里科的设计

莎顿庄园中的白色大理石雕塑

莎顿庄园中的链式瀑布平面图

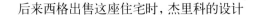

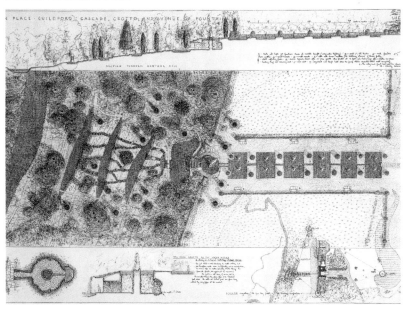

瑙姆科吉庄园中的
"蓝色的阶梯"

成有趣的视觉效果。"蓝色的阶梯"清晰地展示了他运用透视法对地段富有想像力的处理。这个设计既是园林，也可看作是雕塑，得到人们的赞赏。月季园和"蓝色的阶梯"中优美的曲线和其他装饰效果，具有明显的"新艺术运动"的特征。

1925年斯蒂里参观了巴黎"国际现代工艺美术展"后，将展览中和展览前后法国建造的新型花园介绍到美国，虽然斯蒂里的选例和观点多少有些杂乱，但由于当时美国在景观设计领域缺乏新的理论和评论，这些文章很快引起了很大反响，尤其是不愿被传统所束缚的年轻一代设计师们。斯蒂里自己的设计风格是介于传统和现代之间的，他的作品不是确定的现代主义语言，他的主要贡献是传递了欧洲现代主义园林的信息，是美国现代园林运动爆发的导火线。

## 5.2 "哈佛革命"

20世纪30年代至40年代，由于二次世界大战，欧洲不少有影响的艺术家纷纷来到美国寻找安身之地，主要的艺术中心从巴黎转移到了纽约。1937年，德国著名的现代建筑师，建筑教育家格罗皮乌斯为逃避欧洲的战火和纳粹的独裁政权，来到美国，担任了哈佛大学设计研究生院的院长。一战到二战期间，从欧洲到美国的著名建筑师还有密斯·凡·德·罗、布劳耶、纽特拉、门德尔松等，加上美国本土的建筑大师赖特，美国取代欧洲成为世界建筑活动的中心。

格罗皮乌斯的到来，将包豪斯的办学精神带到哈佛，彻底改变了哈佛建筑专业的"学院派"传统。在他的指导下，建筑系很快变成一个酝酿关于艺术、社会和技术的新思想的地方，充满着让人激动的探索气氛。然而，景观规划设计的教授们试图忽视这些，他们谨慎地告诫学生，园林不同于建筑，建造园林的材料几百年来没有什么变化，树也不能从工厂里制造出来，因此不必操心什么"现代园林"，园林的革新无非是规则式和不规则式之间微妙的平衡，自然式的草地树丛看起来同样适合于古典建筑和现代建筑。渴求新思想的学生们不愿接受这样的观点，他们通过研究现代艺术和现代建筑的作品和理论，探讨它们在景观设计上的可能的应用。这些学生中最突出的是罗斯（James C.Rose 1910～1991）、克雷（Dan Kiley 1912～）、埃克博（Garrett Eckbo 1910～2000）。

格罗皮乌斯也将不同设计学科之间的合作思想带到了哈佛，正是在他的合作工作室，埃克博第一次将密斯式的空间运用到了景观设计中。但遗憾的是，格罗皮乌斯对在外部环境进行这样的探索并没有多大兴趣，他追求的是为现代建筑提供一个完全中性的空间。没能得到格罗皮乌斯的支持，克雷、埃克博和罗斯转向特纳德（Christopher Tunnard）、芒福德（L. Mumford）和柯布西耶（Le Corbusier）等人的文章。三个意气相投的学生通过各种杂志书籍和相互间的交流，了解了现代建筑的发展潮流和1925年法国现代工艺美术展上出现的景观设计的新开拓，以及斯蒂里（F.Steele）在设计中向国际潮流靠拢的努力。他们在设计中学习了古埃瑞克安（G.Guevrekian）和费拉（Vera）兄弟的构图技巧，并试图将铝、塑料、钢筋混凝土等材料运用到设计中。

1938～1941年间，罗斯、克雷、埃克博在Pencil Point（即后来的《进步建筑》Progressive Architecture）、《建筑实录》（Architectural Record）上发表了一系列文章，提出郊区和市区园林的新思想。1938年10月，罗斯在《园林中的自由》（Freedom in the Garden）中，将园林定位于建筑学和雕塑之间，"实际上，它（园林设计）是室外雕塑，不仅被看作一件物体，并且被设计成一种令人愉快的空间关系环绕在我们周围。"罗斯

宣称："地面形式从空间的划分中发展而来…，空间，而不是风格，是景观设计中真正的范畴。"1939年，他又发表了《景观设计中清晰的形式》（Articulate Form in Landscape Design）和《为什么不尝试科学？》（Why Not Try Science）。1938年9月，埃克博发表了《城市中的小花园》（Small Gardens in the City），一个假设的在城市中截取地段的花园设计研究，提出了在同一条件下的小花园设计中形式和空间的可能的变化。1938年，他又做了市郊环境中花园设计的比较研究。埃克博认为，花园是室外生活的空间，其内容应由其用途发展而来。《建筑评论》杂志的编辑找到他们三人，请他们写一些文章谈谈现代环境中的景观设计问题，这就是1939～1941年发表的《城市环境中的景观设计》（Landscape Design In The Urban Environment）、《乡村环境中的景观设计》（Landscape Design In The Rural Environment）、《原始环境中的景观设计》（Landscape Design In The Primeval Environment）等一系列文章。尽管他们的努力在景观规划设计系和建筑系都没有得到官方的支持，但现代主义的潮流已经掀起了。他们的文章和研究深入人心，动摇并最终导致了哈佛景观规划设计系的"巴黎美术学院派"教条的解体和现代设计思想的建立，并推动美国的景观规划设计行业朝向适合时代精神的方向发展。这就是今天被人们津津乐道的"哈佛革命"（Harvard Revolution）。

1939年，英国的唐纳德（Christopher Tunnard）来到哈佛，加入了格罗皮乌斯的研究室。这一时期，他做了在马塞诸塞州的几个住宅花园。作为建筑系的教师，他坚决站在埃克博、罗斯、克雷等人的一边，与景观规划设计学科的旧的守护者之间展开了论战。

## 5.3 第一代现代景观设计师

### 5.3.1 托马斯·丘奇 (Thomas Church 1902 ~ 1978) 和 "加州花园"

当哈佛的三位学子于理论上对现代景观设计进行探讨时，美国的另一位伟大的景观设计师已开始在实践中进行新风格的实验，他就是托马斯·丘奇。

20世纪40年代，在美国西海岸，一种不同以往的私人花园风格逐渐兴起，不仅受到渴望拥有自己的花园的中产阶层的喜爱，也在美国景观规划设计行业中引起强烈的反响，成为当时现代园林的代表。这种带有露天木制平台、游泳池、不规则种植区域和动态平面的小花园为人们创造了户外生活的新方式，被称之为"加州花园"（California Garden）。这一风格的开创者就是20世纪美国现代景观设计的奠基人之一托马斯·丘奇。

丘奇像

丘奇出生于波士顿，在加利福尼亚长大。最初进入加州大学伯克利分校时，他是法律系的一名学生。然而，大学农学院的一门园林设计历史的课程深深吸引了他，促使他转向了景观规划设计专业。1923年，丘奇来到哈佛大学设计研究生院继续学习。在伯克利，景观规划设计专业在农学院，对植物比较重视，要求学生认识2000种左右的植物，而在哈佛，这个专业设在建筑系，强调形式、功能、尺度和总体规划。这样的学习对于丘奇来说无疑是一个全面的训练。

1926年丘奇获得哈佛旅行奖学金，得以去欧洲学习意大利和西班牙的园林。当时加州的庭院设计常常是把加州传统的意大利或西班牙式住宅放在英国风景园的背景中。丘奇此行的目的，是想根据加州的气候和社会状况吸收地中海园林的特点。他呆了半年的时间，在回国后提交的硕士论文中，他比较了地中海和美国加州在气候和景观上的相似性，研究了如何将地中海地区庭院的传统应用到加州。他发现关

键是要把握尺度并在规则的建筑与外围的自然景观之间进行微妙的转换。

1927年，丘奇回到美国，在俄亥俄州立大学教书。1929年开始的大萧条使美国经济全面衰退，设计任务急剧减少，此时的丘奇在奥克兰的一家事务所工作了2年。

1932年丘奇在旧金山开设了自己的事务所。大萧条造成的社会经济变化迫使他发展新的庭院设计模式。他将对地中海园林和加州园林的研究运用到实践中，如安排室外生活的场所，遮荫的考虑，以及适应夏季干旱选择养护费用低的种植方式。他将花园视为露天客厅，是整座住宅中组成一个连续空间的元素。他用大片的铺装及地被和常绿灌木来减少维护管理的费用，原有的树木则留下来作为空间的立体对比。不过，这一时期，他的作品还是相当保守的，虽然没有模仿历史的样本，但显然是建立在传统的构图原则的基础之上。

1937年，丘奇第二次去欧洲旅行，有机会见到了芬兰建筑师阿尔托（A.Aalto）。当时，阿尔托刚刚完成了玛丽亚别墅和花园的设计。方案中使用了曲线的轮廓，肾形的泳池，木材和石材的外墙装修和地面铺装。虽然这个作品当时还没有建造，但阿尔托的设计语言给了丘奇很大的启发。在研究了柯布西耶、阿尔托的建筑和一些现代画家、雕塑家的作品之后，他开始了一个试验新形式的时期，他的作品开始展现一种新的动态均衡的形式：中轴被抛弃，流线、多视点和简洁平面得到应用，质感、色彩呈现出丰富变化。丘奇为1939年"金门展览"（Golden Gate Exposition）的两个小花园所做的设计标志着这个新时期的开始。他将新的视觉形式运用到园林中，同时满足所有的功能要求。他受"立体主义"（Cubism）的影响，利用多重视觉焦点产生无尽的视觉感受。"立体主义"、"超现实主义"（Surrealism）的形式语言如锯齿线、钢琴线、肾形、阿米巴曲线被他结合形成简洁流动的平面。结合花园中质感的对比，

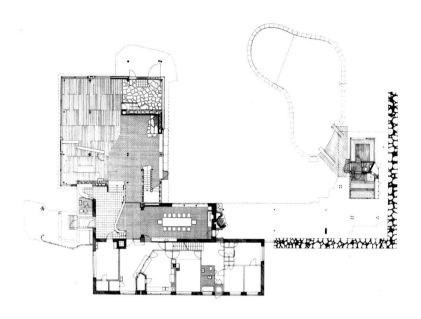

金门展小花园轴测图

阿尔托设计的玛丽亚别墅和花园平面图

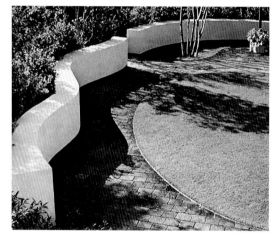

金门展小花园

玛丽亚别墅花园

运用木板铺装的平台和新物质，如波状石棉瓦等，形成了一种新的风格，比起这以前的所有设计，是一个非常显著的进步。

丘奇最著名的作品是 1948 年的唐纳花园 (Donnel Garden)。庭院由入口院子、游泳池、餐饮处和大面积的平台所组成。平台的一部分是美国杉木铺装地面，另一部分是混凝土地面。庭院轮廓以锯齿线和曲线相连，肾形泳池流畅的线条以及池中雕塑的曲线，与远处海湾的"S"形线条相呼应。树冠的框景将原野、海湾和旧金山的天际线带入庭院中。从花园中泳池的形状和木板的铺装不难看出阿尔托的玛丽亚别墅设计对丘奇的影响。当时在丘奇事务所工作的劳伦斯·哈普林 (L.Halprin) 作为主要设计人员，参加了这一工程。

1948 年的阿普托斯 (Aptos) 花园，是一

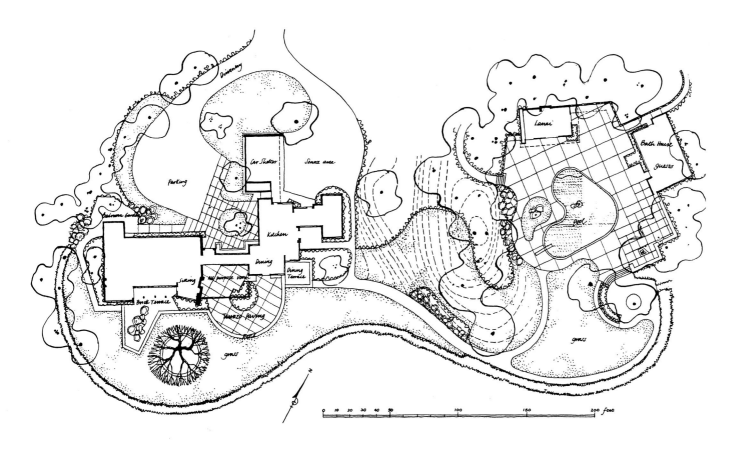

唐纳花园平面图

座位于海滨的周末度假别墅的庭院。丘奇用与建筑成45°角的斜向平台将住宅延伸出去,有力的锯齿线矮凳与另一边流畅的钢琴线种植边缘形成强烈的对比,中心是从远处沙滩上运来的砂子,周围种满了喜爱阳光的植物。同年,在旧金山的小镇庭院,丘奇在较小一些的尺度上,重复了同样的锯齿线和钢琴线的母题。

花园设计一直是丘奇的主要兴趣所在,他

唐纳花园

也因此而名声鹊起。然而战后,美国公共领域的设计迅速增加,设计的尺度和工程的规模相应较大。作为一个声望不断增加的景观设计师,丘奇也参与了一些大尺度的设计。在这类合作的公共项目中,丘奇或者作为顾问,为建筑师和规划师提出建议,或者作为设计师和总体规划师,与建筑师合作,为特定的建筑设计环境。

位于旧金山的"瓦伦西亚公共住宅"工程(Valencia Public Housing, 1939~1943)是丘奇与建筑师伍斯特(Wurster)的合作成果,成为当时美国最出色的住宅工程之一。1949~1959年的"通用汽车公司技术中心"(General Motors Technical Center)设计,以及斯坦福大学的校园规划和加州大学伯克利(1962)和圣塔克鲁兹(1962)的校园规划中,丘奇都起到了重要作用。

丘奇在40年的实践中设计了近2000个园林。他的设计富有人情味。他反对形式绝对主义,认为设计方案的确定要根据建筑物的特

唐纳花园中肾形的泳池呼应远方的海湾

性、基地的情况以及客户希望的生活方式，"规则式或不规则式，曲线或直线，对称或自由，重要的是你以一个功能的方案和一个美学的构图完成。"因而，他的作品显示了不同的设计方式。20世纪60年代，丘奇也设计了一些对称的园林，反映了他的这一思想。

　　丘奇在现代景观设计发展中的影响是极为巨大而广泛的。从20世纪30年代晚期开始，他的风格在很长时间内对美国和国外的年轻设计师们起着引导的作用，尤其是在二战前后，他

的事务所对全美的年轻设计师来说是最具吸引力的地方。他的书和文章广受大众阅读，专业和非专业人士都能了解他的设计原则。1951年，丘奇获得AIA（美国建筑师学会）艺术奖章，1976年获得美国景观规划设计学会金奖。1955年，他的著作《园林是为人的》（Gardens are for People）出版，总结了他的思想和设计。他的事务所培养了一系列年轻的景观设计师：如劳耶斯通（R.Royston）、贝里斯（D.Baylis）、奥斯芒德森（T.Osmundson）和哈普

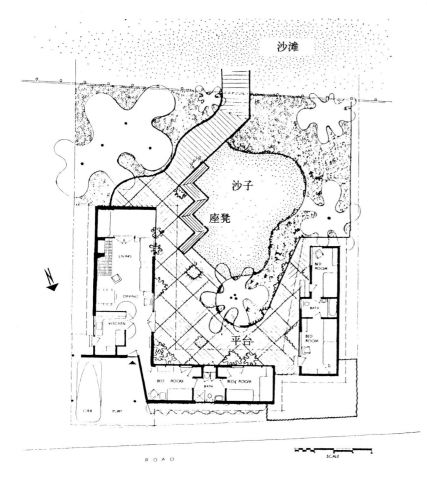

阿普托斯花园平面图

阿普托斯花园

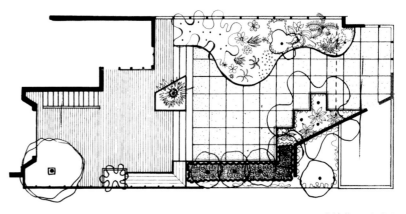

小镇花园平面图

林，他们反过来又对促进"加利福尼亚学派"（California School）的发展做出了贡献。

园林历史学家们普遍认为，加利福尼亚是二战后美国景观规划设计一个设计学派的中心。与东海岸移植欧洲的现代主义不同，西海岸的"加利福尼亚学派"是美国本土产生的一种现代景观设计风格，它的出现，更多地是由战后美国社会发生的深刻变化而引起的。在经过了超过10年的大萧条和战争之后，美国经济得到复苏，中产阶层日益扩大，收入逐渐增多，"核心家庭"成为普遍的家庭单元，生活更加随意和不拘礼节。一大批美国人从农村和小城市迁移到大都市和市郊，在气候温和的西海岸地区新的城市定居点，社会生活的新形式自然而然的发展了，景观设计的试验首先在私人花园中成为现实。年轻的景观设计师们从美国各地聚集到西海岸，尤其是湾区，到丘奇的事务所工作，或进入加州大学伯克利分校学习，阅读《日落》和《家居美化》杂志上刊登的园林作品。"加州花园"被描写成一个不规则的室外生活空间，有折叠帆布椅、桌子和泳池，它的目的是社会的、功能的，而不是园艺学的。

加州的气候和景色是新园林产生的基本条件。这个州的海滨地区具有典型的地中海气候，气温从冬天的18℃到夏天的38℃之间变化，降水集中于冬季，从11月到4月，一般降水量20～30英寸。温暖的气候、晴朗的天空、

联立式住宅花园

斯坦福大学的校园

低湿度、少蚊蝇，使室外生活极为适宜，并且游泳池也是一个值得投资的设施。从旧金山到洛杉矶的海岸地区，风景优美的山脚为城市和郊区住宅提供了基地。乡土植物如常绿的橡树、浆果鹃、美洲茶和沙巴拉灌丛，以及引进的澳大利亚桉树覆盖了一座座小山。坡地、风景和现有植物为现代加州景观设计师们提供了条件。

加州的园林传统与美国东部和中部不同。西班牙式的住宅、门廊和天井花园，自18世纪后半叶起在加州落户。但19世纪，家庭生活一直集中于室内。20世纪早期，一种家庭住宅的新形式被介绍到南加州，这种单层加州平房更能适宜于加州的气候，室外生活受到鼓励，花园被认为是住宅的一个基本要素。20世纪20年代，与其他繁荣地区一样，加州经历了建筑和园林设计的折衷主义的复活。但传统的凉廊仍在室内外之间起到了衔接作用。1930年代晚期，一种更简单的生活方式要求小花园提供最大的愉快，而花费最小的养护。

二战以后，轻松休闲的加利福尼亚生活方式充分地繁荣。室外进餐和招待会为人们所喜爱，这也是《日落》杂志所倡导的生活方式。这个杂志的读者非常广泛，其中包括了有能力拥有花园的中产阶层家庭。花园开始被认为是室外的生活空间。加州花园出现于20世纪40年代和50年代，作为从丘奇、埃克博（G. Eckbo）和其他人的主要作品概括出来的样本，在大众杂志如《家居美化》（House Beautiful）、《住宅与花园》（House and Garden）和《日落》（Sunset）上发表，并刊登照片。这些花园尺度较小，位于乡村的一般半英亩左右，位于城镇的约1000平方英尺大小。其典型特征包括简洁的形式、室内外直接的联系、可以布置花园家具的紧邻住宅的硬质表面、小块的不规则的草地、红木平台、木质的长凳、游泳池、烤肉架，以及其他消遣设施。围篱、墙和屏障创造了私密性，现有的树木和新建的凉棚为室外空间提

丘奇设计的加州Santa Barbara某住宅入口庭院

尺度项目时并不像小花园设计那样挥洒自如。但无论如何，丘奇是20世纪少数几个能从古典主义和新古典主义的设计完全转向现代园林的形式和空间的设计师之一。他的贡献在于，在大多数人迷茫徘徊之际，他开辟了一条通往新世界的道路。他的设计平息了规则式和自然式之争，使建筑和自然环境之间有了一种新的衔接方式。丘奇的成功和声望在于他创造了与功能相适应的形式，以及他对材料和细节的关注。他娴熟地使用现代社会的各种普通材料，如木、混凝土、砖、砾石、沥青、草和地被，通

供了荫凉。有的还借鉴了日本园林的一些特点，如低矮的苔藓植物、蕨类植物、常绿树和自然点缀的石块。

虽然每个花园在风格、场地、建筑、主人的喜好和设计师的手法上有所不同，但是这些都是"加州花园"的基本特征。它是一个艺术的、功能的和社会的构图，它的每一部分都综合了气候、景观和生活方式而仔细考虑过，是一个本土的、时代的和人性化的设计，既满足了舒适的户外生活的需要，维护也非常容易。

丘奇被公认为开创了景观设计的新途径。他于二战前发表的作品已使他成为"加利福尼亚学派"的非正式的领导人，这一优秀的群体还包括：埃克博、劳耶斯通、贝里斯、奥斯芒德森和哈普林。加州现代园林被认为是美国"自19世纪后半叶奥姆斯特德的环境规划的传统以来，对景观规划设计最杰出的贡献之一。"它使美国花园的历史从对欧洲风格的复兴和抄袭转变为对美国社会、文化和地理的多样性的开拓。

在半个世纪之后的今天再看丘奇和他创立的加州花园风格，应该看到，他的成功作品多是小尺度的、私人的、结构简单的项目，而少有大尺度的公共项目。事实上，丘奇本人在面对那类没有特定使用功能、没有明确用户的大

丘奇设计的花园和游泳池

丘奇设计的模仿自然池塘的游泳池

过精细和丰富的铺装纹样、材料之间质感和色彩的对比，创造出极富人性的室外生活空间。加粒料、拉毛或掺色的混凝土、美国盛产的木材以及红色的陶土砖是他最喜爱的材料。丘奇和加州学派其他设计师对材料的创造性的使用，对今天美国和其他国家的景观设计都有着深远的影响。丘奇认真对待每位客户的不同需求，按照他们的个性和需要来设计。暮年时，曾有人向丘奇请教他的设计哲学，他回答说，"我的哲学是客户总是对的"，这大概也是他的设计如此受欢迎的原因。

丘奇在传统的年代登上景观规划设计的舞台。他是传统的，足以看到旧时代的价值观，他又是开放而敏感的，足以接受新事物，并且明白任何优秀事物必须建立在它的基础原则的全部知识之上。正如"哈佛革命"的发动者之一，"加利福尼亚学派"的另一位出色的设计师埃克博所描述的，丘奇是美国"最后一位伟大的传统设计师和第一位伟大的现代设计师"。

### 5.3.2　盖瑞特·埃克博 (Garrett Eckbo 1910~2000)

埃克博像

"加利福尼亚学派"的另一位重要人物是埃克博。他1910年出生于纽约州，父母离异后母亲于1915年带他移居到了加利福尼亚的Alameda——旧金山湾区的一个岛城。二战前，这里是中产阶层居住的绿色社区，气候湿润、多风和雾，然而对于过着窘迫生活的埃克博和母亲来说，这里的生活阴冷而不快乐。

1929年，埃克博转道纽约，乘轮船千里迢迢去英格兰和挪威拜访亲戚，在挪威呆了半年后他带着亲人的关怀于1930年回到了湾区。正是在热心的亲戚的鼓励和资助下，埃克博进入了加州大学伯克利分校学习，并于1935年获得景观规划设计学士学位。毕业后，他在南加州一个苗圃工作了一年，期间设计了100多个花园。对于埃克博来说，南加州是一个新天地。这里气候温暖，湿度很低，远处是白皑皑

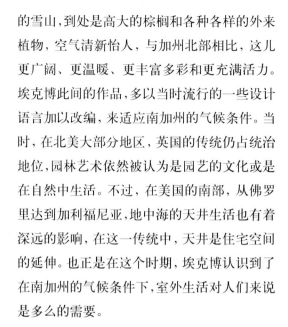

的雪山，到处是高大的棕榈和各种各样的外来植物，空气清新怡人，与加州北部相比，这儿更广阔、更温暖、更丰富多彩和更充满活力。埃克博此间的作品，多以当时流行的一些设计语言加以改编，来适应南加州的气候条件。当时，在北美大部分地区，英国的传统仍占统治地位，园林艺术依然被认为是园艺的文化或是在自然中生活。不过，在美国的南部，从佛罗里达到加利福尼亚，地中海的天井生活也有着深远的影响，在这一传统中，天井是住宅空间的延伸。也正是在这个时期，埃克博认识到了在南加州的气候条件下，室外生活对人们来说是多么的需要。

1936年，埃克博因在竞赛中的胜出而获得了去哈佛设计研究生院深造的奖学金。在那儿，他邂逅了罗斯和克雷，成为志同道合的朋友。在当时建筑和艺术领域的新思想的冲击下，他们一起反对学院派将欧洲18世纪以来的艺术和建筑作为一种制度和规则来统治景观设计。

1938年，埃克博在 Pencil Point 杂志上发表了《城市中的小花园》一文。这个研究包括一个街区的18个小花园设计，位于一个斜坡上，每个花园条件相当，但设计各异。花园中的铺装、台阶、坡道、水面、树木、灌丛以及围墙、凉亭、花架等都被细致地表达了，以矩形、斜线、尖角、曲线、方格等形式组合，经过仔细地协调，在每一个设计中产生统一的空间体验。埃克博提出，花园是人们室外生活的地方，它必须是愉快的、充满幻想的家；设计必须是三维的，因为人们必须生活在体积中，而非平面上；设计应当是多方位的，而不是轴线的，空间的体验远比直线更重要；设计必须是运动的，而不是静止的。

1938年，埃克博从哈佛毕业。在华盛顿工作了6个月后，又回到了他熟悉的和难以割舍的西海岸。在1939年1月，他在丘奇的事务所工作了短暂的两个星期。1939年至1942年，埃克博为美国农业保障局工作，在加州的河谷地

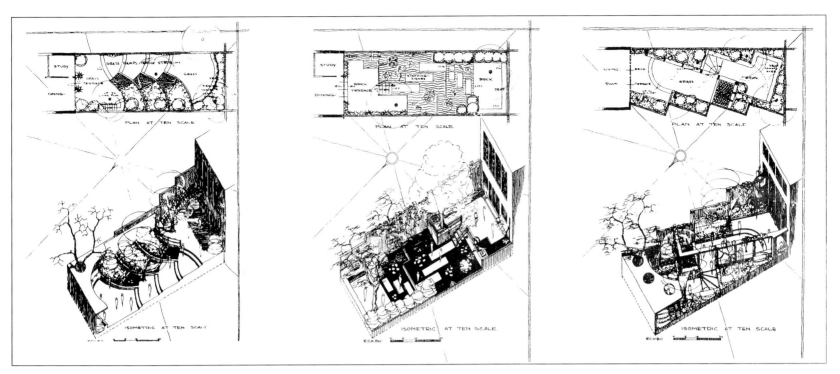

在"城市中的小花园"一文中，
埃克博的花园研究图

区为农场工人设计了相互联系的50个社区，每个社区225～350个家庭，包括了低层住宅、游戏场地、耐干旱的乔木和灌木，为低收入者提供一个安全、卫生，并为社会交往创造条件的环境。埃克博在设计中运用了许多现代建筑的空间构成形式，尤其是类似于密斯·凡·德·罗设计的巴塞罗那世界博览会德国馆的空间模式。他深信，现代形式与社会目标在设计过程中能够紧密地结合在一起。

二战爆发，由于一次车祸落下的腿疾使埃克博没有征召入伍，而是留在了国内，他在造船厂工作了一段时间，也参加了一些住宅项目的设计。二战结束后，美国的社会处在巨大的变化之中，大量的退伍军人使城市人口大大增加，郊区以城市为中心迅速扩展，这种盲目的扩展给城市带来了巨大的压力，同时也给设计师带来了巨大的机遇和挑战。1942年，埃克博与Edward Williams一起成立了事务所，1945年Robert Royston也加入到事务所中来，在随后的20年中，事务所的名称从Eckbo,Royston&Williams到Eckbo, Dean&Williams，然后到Eckbo, Dean, Austin & Williams，如今EDAW已成为美国最著名的景观规划设

计事务所之一。

1950年，埃克博出版了他的一部著作《为生活的景观》（Landscape for Living）。书中阐述了花园的功能意义，说明了怎样将市郊生活的日常必需的设施如晒衣场、儿童游戏沙坑和烧烤野餐地等成为新花园设计的一部分。他鼓励主人在自己的花园中使用工业产品，如混凝土和其他廉价的材料。在其中，他试图将自己的一些观念发展成为一个20世纪景观设计的

埃克博的农场工人
社区规划平面图

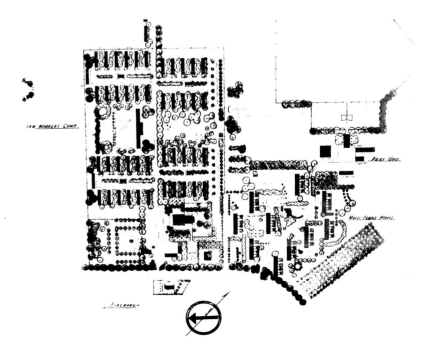

Alcoa 住宅花园

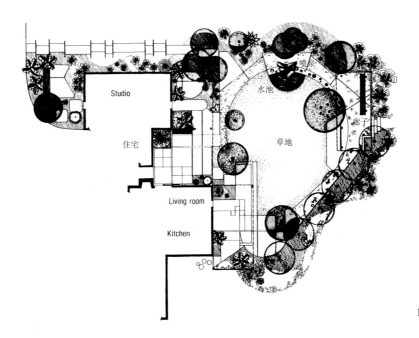

1950~1965 埃克博在洛杉矶的 Alcoa 住宅花园平面图

一个完整的理论。他没有给出关于形式和布局、规则式或不规则式、城市主义或自然主义的特别的规定。他认为，所有这些应当从特定的环境中来。他强调了"空间"是设计的最终目标，材料只是塑造空间的物质。他还谈到了"人"的重要性，谈到了景观的特定特征是由气候、土地、水、植物、地区性等综合而成的"特定条件"所决定的。

埃克博共设计了大约1000个作品，早期的作品中私人花园占了大多数，这也是他对"加州学派"的贡献，20世纪50、60年代以后，随着美国社会情况的变化，公共项目逐渐增多，大尺度的规划也成为该事务所经常承担的项目。

Alcoa花园是埃克博一个著名的花园作品，实际上是他自己的住宅花园。在此居住的15年中，埃克博一直不断建设着这个花园，花园也因此成为实施新思想、试验新材料的场所。园中最著名的是用铝合金建造的花架凉棚和喷泉。二战以后，铝制品从战备物资转为民用产品，急需找到各种市场。一天，埃克博接到美国铝业公司的电话，问他是否对在花园中运用铝材感兴趣，埃克博的回答是肯定的，他告诉对方他可以在自己的花园里先试一下。这是一次挑战，因为没有先例可以借鉴。于是埃克博充分发挥想像力，用咖啡色、金色的各种各样的铝合金型材和网格建造了一个有屏风和顶棚的花架。在花园的水池边，埃克博还设计了一个绿色的喷泉水盘，同样用铝材做成，水从水盘的中心喷出，再由盘边流入水池。这个作品被大量报道后，在全美掀起了一股用铝合金构筑花园小品的热潮。

位于洛杉矶的"联合银行广场"（Union Bank Square，1968）是埃克博的一个成功的公共项目。广场位于40层的办公楼脚下，在3层停车场的屋顶。3英亩的铺装广场上，树池有规律的布置在建筑柱网的上面，珊瑚树、橡胶树和蓝花楹环绕在用草地和水面塑造出来的中心岛上。与众不同的是，混凝土台围合的草坪

像一只巨大的变形虫，趴在了水池的上面，伸长的触角挡住了水池的一部分，一座小桥从水面和草地上越过。

20世纪50、60年代，在美国，随着郊区的发展，位于市郊的购物中心迅速发展，城市中心传统的商业中心逐渐衰落。60年代佛来斯诺市商业街（Fresno Downtown Mall）是全国范围内展开的改造市中心商业区运动中最早的一个。埃克博将10个街区的街道改成了步行空间，通过各种雕塑、座椅、喷泉、水池、灯

Alcoa 住宅花园

Alcoa 住宅花园中铝制的喷泉

洛杉矶"联合银行广场"

佛来斯诺市商业街

佛来斯诺市商业街

具、种植池和庭荫树使之成为一个社区活动的中心。设计的成功使得市中心商业街能与郊区商业区相媲美，使市中心得到复苏。

1967～1970年，埃克博参加了尼亚加拉大瀑布保护研究，目的是通过考察瀑布的自然侵蚀过程，对未来可能的情况做出一些预测，研究是否有必要和有可能采取一些相应的措施来保护瀑布，确保它的安全和美丽。

在亚利桑那州的图森(Tucson)市，在靠近市中心政府和商业区的西班牙裔聚居区约35英亩的地块上，埃克博通过系列广场将剧院、音乐厅、购物中心、旅馆、展览馆等有机地联系起来，组成舒适的城市公共空间。大面积的铺装广场上布置了大量的庭荫树，点缀了许多水池和岩石，既为这个气候炎热的城市带来清凉，同时也象征着沙漠中的绿洲。

埃克博的主要作品还有新墨西哥州大学阿尔伯克基(Albuquerque)校区校园规划、奥克兰运河公园和雕塑花园设计、加州圣选戈的Mission湾公园规划等等。埃克博还跨越了设计与规划之间的分隔，涉足了区域政策规划研究，他本人也成为美国规划协会的一名成员。

1965年，埃克博回到母校加利福尼亚大学伯克利分校任教并担任了四年系主任。同时，通过旧金山事物所，他继续从事实践活动。1978年，埃克博从学校退休以后，全部的时间用于设计实践。1983年以后，由于年事已高，他将工作室搬到了家中，也逐渐减少了实际的项目。90年代以后，埃克博更多地关注在洲际和全球范围内有关环境和设计问题的理论思考，同时积极地从事写作。

埃克博从本质上来说是一位现代主义者，他的作品中既有包豪斯的影响，又有具超现实主义特点的加州学派的影子，但是每一个设计都是从特定的基地条件而来。他认为，设计是为土地、植物、动物和人类解决各种问题，而不是仅仅为了人类本身。如果上帝赐予了人类主宰世界的力量，那么，这也许是对我们的考验，而

亚利桑那州图森市中心区

亚利桑那州图森市中心区

新墨西哥州大学阿尔伯克基校区校园

奥克兰运河公园和雕塑花园

不是赠与我们的礼物，一旦我们在考验中失败，等待我们的将是巨大的灾难。他认为，设计师、生态学家和社会学家应当合作，才能真正解决景观规划设计学科中的问题。他对后现代主义并不欣赏，认为那是一种折衷主义，混淆并阻碍了真正的设计思想的发展，是一种倒退。

### 5.3.3　丹·克雷 (Dan Kiley 1912~)

克雷像

"哈佛革命"的另一位发起者丹·克雷也是美国现代景观设计的奠基人之一。但在美国的景观规划设计师中，克雷有些与众不同。很长一段时间内，他并不像他的同辈丘奇 (T. Church)、埃克博 (G.Eckbo)、哈普林(L. Halprin)那样赫赫有名。他从未加入美国景观规划设计学会(ASLA)，却是美国建筑师学会(AIA) 的成员。他把自己的家和事务所都安在了新罕布什尔 (New Hampshire) 的乡村，离任何大都市一百英里以外，以至于客户和合作者找他都很困难。即便他的事业很成功，他的事务所也一直保持着一种较小的规模的不太正规的状态。他很少发表文章或者著书立说。即使在一些会议和讲座的场合，他也少有关于设计思想和理论的系统论述。进入 20 世纪 80 年代以来，随着各种出版物对克雷的作品的不断介绍，随着他获得的一些重要奖项，以及在一些著名学府设立的讲座，他的声望越来越高，影响也越来越广泛。

克雷1912 年出生于马塞诸塞州波士顿的一个普通人家，母亲是位家庭妇女，父亲是一位建筑公司的经理和优秀的拳击手。克雷的家住在波士顿的Roxbory地区，童年的他就是在家四周迷宫般的小巷和带栏杆的院子内外嬉戏成长。到了夏天，克雷通常到新汉普郡怀特山附近祖母的高地农场，这里美丽的景致和无忧无虑的乡村生活带给一个孩子无穷的乐趣，也在不知不觉之中培养了他对大自然的热爱。

上中学的时候，克雷在一家乡村高尔夫俱乐部当球童，被高尔夫球场的景观所吸引，开始研究起高尔夫球道的设计和种植。他也对植物发生了兴趣，常常在放学回家的路上，到阿诺德(Arnold)植物园去认识植物。他喜爱读书，爱默生(Emerson)、梭罗(Thoreau)和歌德(Goethe)的作品对他的思想有很大影响，他后来选择的回归田园的生活方式和在设计中强调自然体验的思想都体现了这一点。

1930年克雷高中毕业，由于大萧条，工作机会很少。1932年克雷给波士顿地区所有的景观规划设计师和城市规划师写信求职，只有沃伦·马宁(Warren Henry Manning 1860~1938)答应给他提供一份没有工资的学徒职位。马宁是当时全美最优秀的园艺专家之一，曾为奥姆斯特德工作。克雷欣然接受了这个职位，并一直做了 5 年学徒，第 6 年成为事务所的正式职员。马宁在景观设计中更多地关注大尺度的土地利用，并不太注重设计的微妙和精细，他告诉克雷要从个人的直觉出发，从个人的体验和经验中去寻找解决基地问题的办法，而不要去模仿某种形式。马宁是克雷的引路人，在他的事务所工作，使克雷避免了在进入行业之初受到当时各种保守或激进的思想的影响和禁锢，而是埋头于实际的工程实践之中，学到了大量关于植物的知识，积累了许多工程的经验，并且对于什么是景观设计中最重要的问题有了自己独特的理解。

身为美国景观规划设计师学会(ASLA)创始

人之一的马宁给了克雷两条建议：不要加入ASLA，也不要去哈佛大学。克雷听从了一半，他始终没有加入ASLA，只是加入了美国建筑师学会(AIA)，但是1936年他作为一名特殊学生，进入了哈佛大学设计研究生院学习。

此时的哈佛大学景观规划设计专业仍然是保守的历史主义风格。在这里，设计过程似乎已简化为一套预定的解决办法去处理可能出现的问题。对此，克雷不免深感失望。在哈佛的同时，克雷仍每周在马宁事务所工作约30小时，也许是没有时间，也许是对死板的教学和折磨人的作业没有太多的兴趣，他总是在交图前一天赶回教室，一边设计一边画图，然后签上大名。

1937年，格罗皮乌斯的到来为哈佛大学建筑系带来了令人鼓舞的新气象。面对仍被传统的教条所束缚的景观规划设计学科，克雷与同学埃克博和罗斯的不懈的努力终于在哈佛景观规划设计系掀起了现代主义的潮流。

在格罗皮乌斯的合作工作室，埃克博第一次将密斯式的空间运用到了景观设计中，这一尝试给了克雷很大的启发。1938年克雷没有拿到学位就离开了哈佛。此时，马宁辞世，事务所也解散。克雷去Concord市工作了短暂的时间后，于1939年春，经人推荐到华盛顿特区美国财政部公共建筑局作助理景观设计师。到了夏天又被调到美国住宅局(USHA)作助理城市规划师，从事低收入住宅的规划设计。

二战爆发前的东海岸地区是美国现代建筑运动的中心。在华盛顿，克雷有机会结识了许多人，包括设计领域的一些显赫人物和一批日后成为合作者和客户的人，这些早期的接触逐渐形成了对克雷的事业非常有利的关系网。路易斯·康(L.Kahn)是第一位克雷有幸与之合作的现代建筑大师。在USHA工作时，克雷为康的许多住宅工程作场地规划的咨询。康对材料简洁而巧妙的运用、对设计结构的清晰表达以及对作品的内在精神魅力的追求，影响了克

雷并引起他的共鸣。通过康，克雷还认识了一位极富才华的年轻建筑师埃罗·沙里宁(Eero Saarinen 1910~1961)，后来成为他最重要的合作伙伴和亲密朋友。

1940年克雷离开住宅局，在华盛顿特区和弗吉尼亚州的米德尔堡(Middleburg)开设了丹·克雷事务所。他的第一个委托任务是位于弗吉尼亚州40英亩的Collier住宅庭院。在Collier花园和这段时期的许多其他住宅庭院设计中，克雷探索了新的表达方式，主要是受现代艺术影响的曲线和非正交的直线形式。

1942年，克雷与安妮(Anne)结婚。由于设计任务少，那几年克雷的大部分项目是建筑设计。在康和小沙里宁的推荐下，他拥有了新罕布什尔的建筑师行业执照。克雷的建筑知识以及他对现代建筑的理解在当时的景观设计师中并不多见，这对他后来将建筑空间扩展到园林中以及在景观设计中运用建筑手段表达有很大的帮助，也是建筑师乐意与他合作的原因。

二战期间，1942~1945年克雷在工程兵团的战略设施办公室服役，在小沙里宁离开后，他成为设计处的负责人，并于战争结束后的1945年被派往德国，负责重建纽伦堡的正义宫作为审判战犯的法庭。这项工作使克雷有机会周游西欧，实地考察欧洲的古典园林。现代运动早期的反历史主义立场和哈佛枯燥的历史课

勒·诺特设计的凡尔赛花园对克雷有很大的影响

程一定程度上使克雷对古典园林的认识有些片面，因此这次欧洲之行对他的影响极为深刻。他参观了17世纪法国勒·诺特杰出的古典园林凡尔赛和苏艾克斯(Sceaux)，园林中以几何方式组合的林荫道、树丛、草地、水池、喷泉等要素产生了清晰完整的空间和无限深远的感觉。克雷在这里找到了他一直苦苦寻觅的结构手段。也许是因为这次的收获，在后来的几十年里，克雷广泛地出国旅行，不断地从各种文化遗产中吸收养分，古罗马的建筑遗迹、西班牙的摩尔式花园、意大利的庄园都成为他汲取灵感的源泉。

回国后，克雷开始尝试运用古典要素，加上与自然朝夕相处获得的对自然的认识，在各种尺度的工程中进行新的试验。1946年，小沙里宁邀请克雷参加了杰弗逊纪念碑设计竞赛的方案小组，方案的获胜使克雷在全国有了一定的知名度。从20世纪40年代晚期到50年代早期，克雷的作品显示出他运用古典主义语言营造现代空间的强烈追求。

1955年印第安那州哥伦布市的米勒花园(Miller Garden)被认为是克雷的第一个真正现代主义的设计。米勒家族在二战后的哥伦布市对工业、社会和文化的影响举足轻重，他们是现代社会少有的那种纯粹的艺术赞助人，在他们的资助下，哥伦布市邀请了一些当时非常著名的建筑师为城市设计了一系列公共建筑。因而当他们请小沙里宁设计自己的住宅时，显然要将这座住宅作为整个城市现代建筑运动的一部分。小沙里宁的方案是一个平面呈长方形的建筑，内部4个功能区呈风车状排列在中心下沉式起居空间的四周。建筑周围是一块长方形的约10英亩的相对平坦的基地，克雷将基地分为三部分：庭院、草地和树林，这似乎是一种古典的结构传统。然而克雷在紧邻住宅的周围，以建筑的秩序为出发点，将建筑的空间扩展到周围的庭院空间中去。许多人都认为，米勒花园与密斯·凡·德·罗的巴塞罗那德国馆

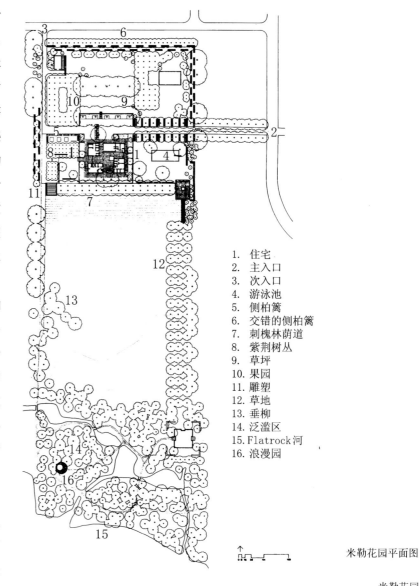

1. 住宅
2. 主入口
3. 次入口
4. 游泳池
5. 侧柏篱
6. 交错的侧柏篱
7. 刺槐林荫道
8. 紫荆树丛
9. 草坪
10. 果园
11. 雕塑
12. 草地
13. 垂柳
14. 泛滥区
15. Flatrock河
16. 浪漫园

米勒花园平面图

米勒花园

米勒花园

有很多相似之处。德国馆中，由于柱子承担了结构作用而使墙体被解放，自由布置的墙体塑造了连续流动的空间。而在米勒花园中，克雷通过结构（树干）和围合（绿篱）的对比，接近了建筑的自由平面思想，塑造了一系列室外的功能空间：成人花园、秘园、餐台、游戏草地、游泳池、晒衣场等等。

1955年的米勒花园标志着克雷独特风格的初步形成，是克雷设计生涯的一个转折点。这以后，他放弃了自由形式和非正交直线构图，而在几何结构中探索景观与建筑之间的联系。他的设计通常从基地和功能出发，确定空间的类型，然后用轴线、绿篱、整齐的树列和树阵、

米勒花园

73

科罗拉多空军学院

方形的水池、树池和平台等古典语言来塑造空间，注重结构的清晰性和空间的连续性。材料的运用简洁而直接，没有装饰性的细节。空间的微妙变化主要体现在材料的质感色彩、植物的季相变化和水的灵活运用。

在合作米勒住宅花园的中期，作为空军建筑顾问的小沙里宁推荐克雷参加了位于科罗拉多州的新的空军学院的设计小组，与SOM建筑事务所合作。在学院中心的空军花园，克雷以几何分割的水池和草地展开，其比例模数和优美的韵律与附近建筑相联系，竖向的绿篱、喷水及两边各4排高大的刺槐树增加了花园竖向的尺度，限定了空间。

1963年设计的费城独立大道第三街区，克雷用700株按网格种植的刺槐树，在城市中心创造了一片整齐的森林。连续的同一种植物形成了一个大的统一空间，规整的林中空地是方形的水池和贝壳托盆上的喷泉，中心轴线是第一、第二街区的延续，轴线上的高大喷泉与远处的贝尔图书馆和独立大街呼应。

1962年克雷设计的芝加哥艺术协会南花园是一个安静的尺度亲切的花园，两侧下沉式的广场的上方是山楂树冠交织成的低矮顶棚，坐在其中，注视水池中的涌泉，能够感受到远离人群独处时的快乐。

1969年，建筑师凯文·罗奇（Kevin Roche）和约翰·丁克鲁（John Dinkeloo）接受了设计加州奥克兰市博物馆的任务，他们设想将这块

费城独立大道第三街区平面图

费城独立大道第三街区

费城独立大道第三街区

地建成城市的一个开放的绿色空间。克雷与另一位女园艺家Scott被邀请参加了设计小组。该博物馆的设计是建筑师和景观设计师密切合作的结果。三层的混凝土构造物层层后退，屋顶成为一系列草坪中庭及青翠的屋顶花园的地基。植物软化了坚硬的几何建筑形体，精心的栽植使屋顶花园具有亲切愉快的气氛。

20世纪50到60年代，克雷还设计了众多的公共和私人工程，如洛克菲勒学院、杜勒斯机场、林肯演艺中心等等。由于与一些著名建筑师的成功合作，克雷获得了更多的参与重要公共项目的机会。70年代，克雷的作品有华盛顿国家美术馆、约翰·肯尼迪图书馆、伦敦标准特许银行等，这些作品显示出他对60年代建立起来一整套设计语言的娴熟运用。

1978年，克雷设计了法国巴黎德方斯区的达利中心。这是德方斯中心腹地的一个宽阔的步行大道。克雷的方案提供了穿越交通的走廊和进行会面及消遣的线形公园，水池、喷泉和叠水活跃了气氛，两边各4排悬铃木组成的郁郁葱葱的树丛，衬托了德方斯大门的景色，并提供了林荫的场地，同时又与巴黎城市中优美的悬铃木林荫道相呼应。

到了20世纪80年代，克雷的作品显示出一些微妙的变化，与早期相当理性和客观的功能主义途径不同，这一时期克雷与同事试图加强景观的偶然性、主观性，加强时间和空间不同层次的叠加，创造出更复杂更丰富的空间效果，也体现出某些现代艺术，尤其是极简主义 (Minimalism) 的一些影响。这一时期的代表作品是达拉斯的喷泉广场、国家银行花园广场和尼尔森·阿特金斯美术馆的亨利·摩尔雕塑花园。

达拉斯联合银行大厦是由贝聿铭事务所设计的60层高的玻璃塔楼。主要是由于达拉斯炎热的气候，另一方面也可能受到建筑方案的玻璃幕墙的启发，克雷第一次看现场时，就产生了将整个广场环境做成一片水面的构思。业主和建筑师同意了这个想法。于是，克雷在基地

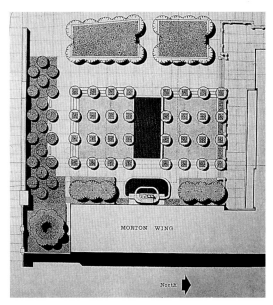

芝加哥艺术协会南花园平面图

芝加哥艺术协会南花园

加州奥克兰市博物馆屋顶花园

华盛顿国家美术馆环境

巴黎拉·德方斯区的达利中心

巴黎拉·德方斯区的达利中心

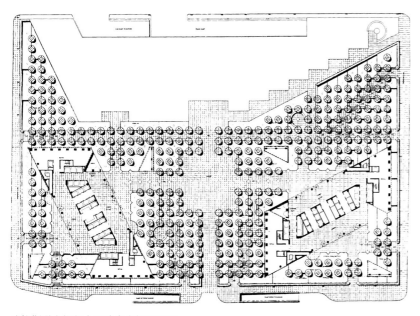

达拉斯联合银行大厦喷泉广场平面图

达拉斯联合银行大厦喷泉广场

达拉斯联合银行大厦喷泉广场

上建立了两个重叠的5m×5m的网格，一个网格的交叉点上布置了圆形的落羽杉的树池，另一个网格的交叉点上是加气喷泉。除了特定区域，如通行路和中心广场，基地的70%被水覆盖，在有高差的地方，形成一系列跌落的水池。广场中心硬质铺装下设有喷头，由电脑控制喷出不同形状的水造型。在广场中行走，如同穿行于森林沼泽地。尤其是夜晚，当广场所有的加气喷泉和跌水被水下的灯光照亮时，具有一种梦幻般的效果。在极端商业化的市中心，这是一个令人意想不到的地方，可以躲避交通的嘈杂和夏季的炎热。

80年代中期，受建筑师沃夫（Harry Wolf）的邀请，克雷着手设计佛罗里达州坦帕市国家银行总部的一个向公众开放的花园。克雷和同事在建筑师的建议下将银行大楼优雅的开窗图案扩展到花园中，转化成地面上石块和草地的网格。高大整齐的棕榈标示了与城市联系的通道，下层的紫薇以不规则的种植与地面的几何图案形成对比，为广场带来四季的变化。长度不等的细长水沟打破了网格的严谨，通过泉水带来亲切活泼的感觉。这个占地4.5

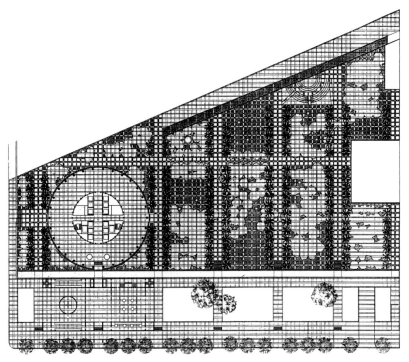

坦帕市国家银行总部花园

坦帕市国家银行总部花园平面图

坦帕市国家银行总部花园

英亩的广场，在水的应用上独具匠心，设计了各种形态的水，如宽阔明亮的大水池、平静狭长的水渠、狭窄的水沟、活泼的喷水和涌泉，使广场具有了某些伊斯兰园林的气氛。

1987年位于密苏里州堪萨斯城著名的尼尔森·阿特金斯美术馆计划建造一座雕塑花园来放置14座亨利·摩尔的青铜雕塑，经过小范围的竞赛，此项令人羡慕的工程又一次委托给了克雷。克雷将正对建筑的长方形区域设计成对称布局，与新古典主义的博物馆立面相协调，周围以自然式的环境与城市结合，摩尔的雕塑点缀于花园之中。这个设计得到了堪萨斯城市民的喜爱。

20世纪90年代以来，已经80高龄的克雷仍然活跃在设计舞台上，这一时期他设计了许多私家住宅庭院。1996年的Kimmel住宅花园将建筑与它所处的山脚环境联系起来，以一系列几何形的草地平台作为建筑的延伸，上面布置凉廊、水池、花架等作为室内空间的延伸和室外生活的场所，周围自然式的草坡和树丛将建筑平台与外围环境联系起来。

半个多世纪以来，克雷的作品不计其数。虽然他的设计语言可以归结为古典的，他的风格

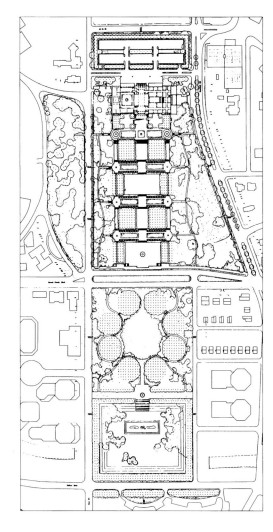

堪萨斯城尼尔森·阿特金斯美术馆雕塑花园平面图

堪萨斯城尼尔森·阿特金斯美术馆雕塑花园

堪萨斯城尼尔森·阿特金斯美术馆雕塑花园

Kimmel 住宅花园

Kimmel 住宅花园

可视为现代主义的，但他的作品从来没有一种特定的模式。他选择生活在森林和农田之间，为的是保持一个开放的思想，"以孩子般清澈的目光去看世界"，这样就能够自己去观察和感知周围形式和比例的协调，产生真正的设计，而不是去模仿和装饰。他认为，设计是生活本身，对功能的追求才会产生真正的艺术，古代的陶器和建筑都是很好的证明，美是结果，不是目的。景观设计应当成为将人类与自然联系起来的纽带。

克雷的作品通常使用古典的要素，如规则的水池、草地、平台、林荫道、绿篱等等，但他的空间是现代的，是流动的。他从基地的情况，客户的要求以及建筑师的建议出发，寻找解决这块基地功能最恰当的图解，将其转化为一个个功能空间，然后以几何的方式将其组织起来，着重处理空间的尺度、空间的区分和联系。他认为，对基地和功能直接而简单的反映是最有效的方式之一，一个好的设计师，是用生动的想像力来寻找问题的症结所在，并使问题简化，这是解决问题的最经济的方式，也是所有艺术的基本原则。

他擅长用植物手段来塑造空间，在他的作品中，绿篱是墙，林荫道是自然的廊子，整齐的树林是一座由许多柱子支撑的敞厅。克雷对植物材料的选择非常精心，他认为植物的形态、高矮、枝叶的疏密、冠幅的大小、季节的变化对于空间效果至关重要。在费城独立大道第三街区的设计中，规划委员会不同意克雷提出的刺槐按 16×12 英尺种植的方案，坚持 20 英尺以上，克雷认为，只有相对小些的距离才能使树冠形成连续的顶棚，才不会破坏空间的尺度和统一性。经过不断争取，最终以 12.5×18 英尺的折衷方案实施。在达拉斯的喷泉广场，克雷选择落羽杉的理由更让人信服。落羽杉是达拉斯的乡土树种，适合水生环境，它的高度与高大的塔楼相衬，落羽杉是落叶树，有季相的变化，它的针叶在落入水中时不会像阔叶树那样给水池带来太多的麻烦。

克雷经常从建筑出发，将建筑的空间延伸到周围环境中。他的几何的空间构图与现代建筑看起来是那么协调，许多建筑师欣赏这种风格，选择克雷作为自己的合作伙伴，因而，他成为二战后美国最重要的一些公共建筑环境的缔造者。克雷与美国众多一流建筑师有过良好的合作，如路易斯·康、小沙里宁、贝聿铭、凯文·罗奇、SOM 等。他曾获得过各种组织的 60 多个奖项，1992 年，他获得哈佛大学"杰出终生成就奖"。他的作品曾在纽约现代艺术馆、华盛顿国家图书馆、哈佛大学等地巡回展出，这些荣誉表明了克雷的成就获得了整个社会的肯定。

### 5.3.4 詹姆斯·罗斯（James C. Rose 1910~1991）

与埃克博和克雷相比，哈佛革命的另一位领导者詹姆斯·罗斯后来的成就要小一些。

1930 年代晚期，罗斯在 Pencil Points（即后来的《进步建筑》Progressive Architecture）杂志上发表了一系列文章。这些文章包括《园林中的自由》（Freedom In The Garden）、《植物指示了花园的形式》（Plants Dictate Garden Forms）、《景观设计中清晰的形式》（Articulate Form In The Landscape Design）、《为什么不尝试科学？》（Why Not Try Science?）等。这些文章与埃克博发表于同一刊物上的其他文章，向更广泛的读者，包括许多景观设计师和顾客传播了看待景观设计的新方式。

罗斯主要关注私家住宅庭院的设计，他的实践活动大部分局限于东海岸地区。他的设计原则受到立体主义和日本园林的启发，蒙德里安的绘画对他的影响甚大。他的创作常见于许多关于家庭花园的大众杂志上，如《女士家庭》（Ladies' Home Journal）。他在 1946 年创造了一系列为适合现代城市郊区的"国际式"（International Style）住宅的庭院模式。

他还有不少著作，如：《创造性的园林》（Creative Gardens, 1958）、《令我愉悦的花园》（Gardens Make Me Laugh, 1965）等等。

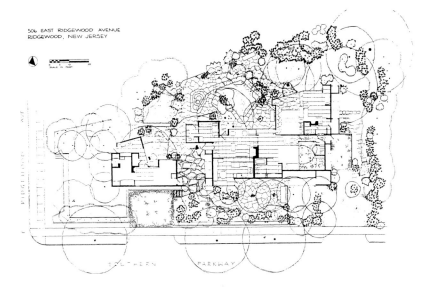

罗斯设计的住宅花园（今罗斯中心）平面图

罗斯设计的住宅花园

## 5.4　第二代现代景观设计师

### 5.4.1　二战后的景观设计的行业形势

20世纪50、60年代，美国经济进入了自20年代以来持续时间最长的繁荣时期。经济的发展和国家的建设带动了景观行业的迅速发展。

二战结束后，美国的社会处在巨大的变化之中，大量的退伍军人使城市人口大大增加，新的住宅建设成为迫切需要。面对城市环境的恶化，中产阶层家庭逐渐迁移到市郊环境优美的新社区。市郊居住区的建设导致了美国新城镇运动的复兴，郊区以城市为中心迅速扩展，这种盲目的扩展给城市带来了巨大的压力，同时也给设计师带来了巨大的机遇和挑战。

工业的迅速增长和市郊的发展，也使越来越多的大企业迁往位于郊区的新基地，新的公司园区成为景观设计的一个重要的领域。许多位于市郊的公司园区设计成开放的空间，为员工提供网球场、慢跑的道路、雕塑园、水面和其他休息消遣的设施，以提高员工的效率和增强企业的凝聚力，也成为公众的休息场所和一个社区中心，为雇员和公众创造了郁郁葱葱的田园诗般的环境。公司改善员工的工作环境的同时也提高了公司的形象，优美的环境同时象征着企业的地位、财富、实力和产品的卓越。

从50年代末开始，城市更新成为各州的政策。美国与欧洲不同，欧洲由于历史的原因，稠密的城市与丰富的广场并存，而美国19世纪末20世纪初城市的迅速发展并没有带来城市中心开放空间的显著增加，至二战结束，美国的城市大多是繁杂、拥挤的地方，只有极少或根本没有开放空间。

面对开放空间的缺乏，城市规划师们在20世纪50、60年代制定了一些政策，鼓励私人投资建设为公众使用的广场。如1961年纽约市新的建筑条例，在商业区鼓励保留较多的空地，对高层建筑地段内保留小广场还有奖励的办法：一幢高层建筑的地段内保留一个小广场的可以加建20%的建筑面积，容积率可以由15增至18。后来又不断地补充了一些奖励办法，与此同时，留在城市中的公司出于提高企业形象的目的，也重视景观的创造。

这些都为新的广场的建造提供了机会，各种街道层的、下沉的和屋顶平台的广场和广场群建立了，位于室内的公共空间也出现了。如1960年加利福尼亚奥克兰市1.2hm²的凯撒中心（Kaiser Center）屋顶花园，是一个在停车库顶上的城市开放空间，由"加州学派"的重要设计师奥斯芒德森(T.Osmundson,1921～)设计，虽然建筑的柱网结构决定了树木的位置，但设计师以流畅的有机曲线完全打破了这一限制，使花园呈现动感和变化。这个屋顶花园的结构技术在当时占领先地位。1964年，丹·克雷设计的位于纽约的福特基金会总部（Ford Foundation）的前庭广场位于建筑临街一面，是以玻璃幕墙和采光顶棚围蔽覆盖的室内花园。在用地紧张的城市中，这些花园和广场改善了环境，为员工和公众提供了消遣和休息的宝贵场所。但仍然存在一些问题，如高层建筑的阴影挡住了广场和街道，开放空间和广场的设计有时更多地迎合了私人的兴趣而不是公众的利益。

郊区化导致的城市中心的衰败引起了人们的重视，市中心的复兴计划使许多市政和商业广场及街道获得新生，市中心重新适于居住和让人向往。当今的许多城市广场已经成为当地的集散空间，步行街满足了购物的乐趣。

50年代美国州际高速公路计划的逐步实施改变了传统的交通模式，许多工业设施和仓库搬离了城市的滨水地带，为滨水公共空间的创造提供了可能。景观设计师开始致力于将被破坏的滨水地带改变成为公园和其他开放空间，有些与新的市政工程结合起来。欧洲的传统公共空间和滨水空间的特点也被借鉴，并引入了

奥斯芒德森设计的加州奥克兰市凯撒中心屋顶花园

克雷设计的纽约福特基金会总部

现代设计要素，新的铺装、海滨系船柱、历史的记号、码头风格的路灯和其他有关港口的要素开始使用，提供了消遣、散步和安静休息的场所，以作为从城市现实的解脱。

60年代的环境运动让更多的美国人关注自然环境。一些思想敏锐的景观规划设计师在实践和理论上率先提出在发展的同时保护和加强自然景观的方法，其中有劳伦斯·哈普林（Lawrence Halprin）和麦克哈格（Ian McHarg）。

这种种的变化使美国的景观行业进入了从未有过的繁荣时期。从1950年代末开始，设计的机会迅速增加，景观设计的领域已经变化。虽然小尺度的私人园林、花园设计仍在继续，但是，随着社会的发展，公园、植物园、居住社区、城市开放空间、公司和大学园区、自然保护工程使设计者在一个更广阔、更为公共的尺度上工作。注册在校的景观专业的学生人数暴涨，相应地大学里设立了更高级的课程和学位，从业人数也迅速增加，新的景观规划设计公司不断涌现。随着社会生活问题越来越多的

冲击，新的主顾除了公司、团体以外，还有各级政府部门。他们的动机不是为了改善景观质量，而是很普通和功利的，如提高建筑物及城市中心的形象，改善城市内视觉环境，或者迫于各种政治或社会团体的压力而行。新的园林常常必须有多种的角色，如休息兼娱乐等。新一代的优秀的景观规划设计师不断涌现，其中最杰出的代表是劳伦斯·哈普林（Lawrence Halprin）、佐佐木英夫（Hideo Sasaki）和罗伯特·泽恩（Robert Zion）等。

### 5.4.2 劳伦斯·哈普林（Lawrence Halprin 1916 ~ ）

1997年，在美国首都华盛顿，一座酝酿了半个多世纪的纪念碑终于建成开放了。这是华盛顿第一座由景观设计师设计的重要纪念碑，哈普林设计的罗斯福总统纪念园(The FDR Memorial)。

罗斯福总统纪念园的设计建造是一个曲折的过程。早在罗斯福逝世的第二年1946年，美国国会就决定要建罗斯福总统纪念碑。1960年

哈普林像

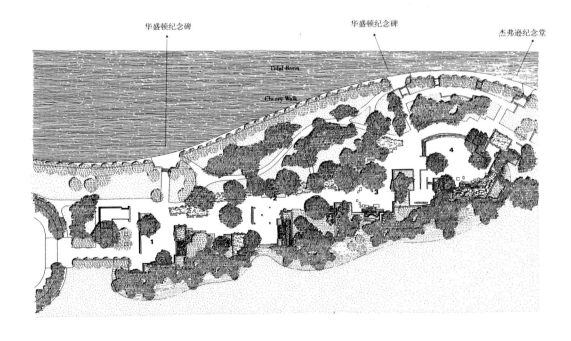

1. 第一时期(1933 ~ 1936年)
2. 第二时期(1937 ~ 1940年)
3. 第三时期(1941 ~ 1944年)
4. 第四时期(1945年)

罗斯福总统纪念园平面图

举办了国际设计竞赛，选出了优胜方案，但几经修改后，方案没有获得有关各方的一致接受。后来，著名建筑师布劳耶（Marcel Breuer 1902～1981）的设计方案也未能获得各方的首肯。1974年，加州的景观设计师哈普林被选定为纪念碑的设计者。与先前的方案不同，哈普林没有设计一个高大统领性的物体，而是由石墙、瀑布、密树和花灌木组成的低矮景观，是水平的而非垂直的，是开放的而非封闭的，是述说故事并鼓励参与的纪念园而不是默默欣赏的纪念碑。然而不断的政治争吵、资金紧张和官僚主义使工程拖延了漫长的20多年，终于在1994年动工兴建。这个设计以一系列花岗岩墙体、喷泉跌水和植物创造出四个室外空间，代表了罗斯福总统的四个时期和他宣扬的四种自由。以雕塑表现每个时期的重要事件，用岩石与水的变化来烘托各个时期的社会气氛。多年来传统的纪念碑，多从图腾、神像、庙宇和陵墓演变而来，摆脱不了高高在上、以巨大的体量让人产生敬畏的模式。随着时代的发展、民主思想的深入人心，这种风格的纪念碑越来越不受欢迎。而哈普林的设计与周围环境融为一体，在表达纪念性的同时，为参观者提供了一个亲切而轻松的游赏和休息环境，体现了一种民主的思想，也与罗斯福总统平易近人的为人相吻合。哈普林的思想在当时确实是开创性的，提出了纪念碑设计的一种新思路。从设计时间上看，哈普林的罗斯福总统纪念园比起1970年代以后美国许多摆脱了传统模式的纪念碑（如越战纪念碑）要早得多。

其实，在设计罗斯福总统纪念园之前，哈普林已经在行业中取得了很大的成功，只不过这次在重要的项目中与建筑师竞争最后脱颖而出，使得更多的人了解了他。

作为二战后的景观设计师，哈普林是与美国现代景观一起成长的。哈普林1916年生于纽约的布朗克斯区，父亲是一家科学仪器公司的老板，母亲是全国性犹太组织的领导人。他从

小热爱运动，10岁开始学习绘画，在上大学之前曾在以色列的一个集体农庄生活了三年。哈普林在康纳尔大学和威斯康辛大学学习植物学，获植物学学士和园艺学硕士。在与他的妻子Anna一起参观了赖特的东塔里埃森之后，他发现了自己真正的兴趣所在。回来后，他在图书馆大量查阅有关建筑的书籍，发现了一本唐纳德（Christopher Tunnard）的《现代景观中的园林》（Gardens in the Modern Landscape），阅读之后，年轻的哈普林被书中的思想和实例深深吸引，他决定追随唐纳德学习景观设计。

1942年，哈普林来到了哈佛大学。此时，格罗皮乌斯、布劳耶和唐纳德等人已在哈佛建立起包豪斯的体系，向学生们灌输现代设计思想。"哈佛革命"的三位带头的学生埃克博、克雷、罗斯均离开学校不久，哈佛的建筑系和景观规划设计系都刚刚经历了现代主义的变革。唐纳德倡导现代景观设计的三个方面：功能的、移情的和美学的。他认为景观设计是一个大的综合性的原则，而不是仅仅作为建筑周围的点缀，景观设计师不仅要注重美学方面，同样重要的还有社会的和城市的方面，这些观点为哈普林奠定了现代主义的思想基础。

二战期间，哈普林在海军驱逐舰服役，因受伤而回到到旧金山，后来他在丘奇（T. Church）的事务所工作了四年。1948年，哈普林参与了丘奇最著名的作品唐纳花园（Donnell Garden）的设计。1949年，哈普林成立了自己的事务所。

哈普林早期设计了一些典型的"加州花园"，采用了超现实主义、立体主义和结构主义的形式手段，大面积的铺装，明确的功能分区，简单而精心的栽植等。但他的设计比丘奇的更富有年轻人的朝气和探索精神。他在设计中进行了色彩和植物运用方面的尝试，细部更为精美，为"加利福尼亚学派"的发展做出了贡献。他在自己的家庭花园中设计了一个便于他的舞

罗斯福总统纪念园

罗斯福总统纪念园水景

罗斯福总统纪念园瀑布

蹈家妻子排练、教学和表演的木质平台，这个
设计后来也给他自己很多启发，他发现室外空
间就是一个舞台，在以后的许多设计中他都表
达了这一观点。哈普林早期作品有许多曲线的
形式，但是很快，他转向运用直线、折线、矩
形等形式语言。这在1958年他设计的麦克英特
瑞（McIntyre）花园中可以看出：直线的水池、
地面、墙体与背景笔直的桉树形成对比，喷泉
和水声更增加了宁静的气氛，这个庭园被许多
人称为"摩尔式"（Moorish）的。在这个作品
中，哈普林已显示了运用水和混凝土来构筑景
观的能力。自此，这两个要素逐渐成为他的许
多作品的一个特征。

　　1950年代起，美国的景观规划设计行业发
生了许多变化。由于城市更新、州际高速公路
和市郊居住区的建设，设计的机会迅速增加，
景观设计的领域发生了很大变化，对景观的认
识也更为广阔。哈普林在20世纪60、70年代
的实践和理论正是基于这样一种社会背景之
上，提出了自己的解决途径，获得了巨大的成

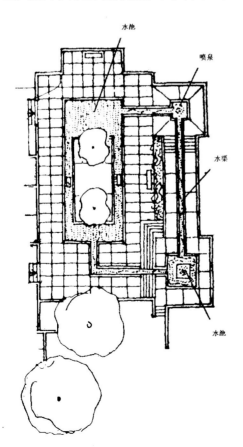

麦克英特瑞花园平面图

麦克英特瑞花园

功。尤其是他设计的一系列公共喷泉广场，如
波特兰系列、西雅图高速公路公园、曼哈顿广
场公园等，体现了使用和参与的思想，而不是
仅仅作为观赏。

　　哈普林最重要的作品是1960年代为波特
兰市设计的一组广场和绿地。三个广场由一系
列已建成的人行林荫道来连接。"爱悦广场"
（Lovejoy Plaza）是这个系列的第一站，就如
同广场名称的含义，是为公众参与而设计的一
个活泼而令人振奋的中心。广场的喷泉吸引人
们将自己淋湿，并进入其中而发掘出对瀑布的
感觉。喷泉周围是不规则的折线的台地。系列
的第二个节点是柏蒂格罗夫公园（Pettigrove
Park）。这是一个供休息的安静而青葱的多树荫
地区，曲线的道路分割了一个个隆起的小丘，路
边的座椅透出安详休闲的气氛。波特兰系列的
最后一站——演讲堂前庭广场（Auditorium
Forecourt 现称为 Ira C.Keller Fountain）是
整个系列的高潮。混凝土块组成的方形广场的
上方，一连串的清澈水流自上层开始以激流涌
出，从80英尺宽、18英尺高的峭壁上笔直泻下，
汇集到下方的水池中。爱悦广场的生气勃勃，
柏蒂格罗夫公园的松弛宁静，演讲堂前庭广场
的雄伟有力，三者之间形成了对比，并互为衬

爱悦广场

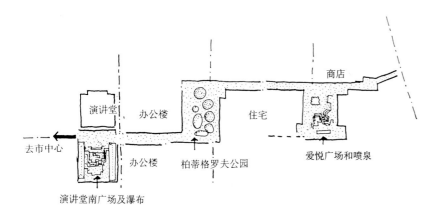

波特兰市系列广场和绿地平面位置图

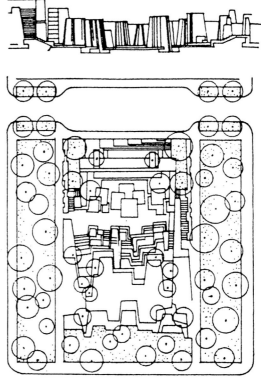

演讲堂前庭广场
平面图和剖面图

演讲堂前庭广场

爱悦广场象征自然等高线的不规则台地和象征洛基山山脊线的休息廊的屋顶

哈普林在加州席尔拉山的速写和爱悦广场构思草图

托。对哈普林来说，波特兰系列所展现的是他对自然的独特的理解：爱悦广场的不规则台地，是自然等高线的简化；广场上休息廊的不规则屋顶，来自于对落基山山脊线的印象；喷泉的水流轨迹，是他反复研究加州席尔拉山（High Sierras）山间溪流的结果，而演讲堂前庭广场的大瀑布，更是对美国西部悬崖与台地的大胆联想。哈普林认为，如果将自然界的岩石放在都市环境中，可能会变得不自然，在都市尺度及都市人造环境中，应该存在都市本身的造型形式。他依据对自然的体验来进行设计，将人工化了的自然要素插入环境。把这些事物引入都市，是基于某种自然的体验，而不是对自然的简单的抄袭，这也是历史上任何优秀园林的本质。哈普林还认为，他设计的岩石和喷水不仅是供观赏的景观，更重要的是游憩设施，大人小孩都可以进入玩耍，在喷泉广场的落成典礼上，他甚至带头跳入水中。虽然广场的安全性曾被质疑，但设计师对细节的考虑非常周到，事实也证明，这个地方并不像它看上去的那样危险。另外，广场在落成之初，几乎成为年轻的嬉皮士们冒险的场所，许多市民因此对广场的设计提出异议。不过，随着年轻人的热情逐渐消退，更多的各个年龄层次的公众从喷泉广场中受益。正如哈普林所预想的，这些设施有相当高的利用频率，人们喜爱这里，这里可以发生任何事情，有很多趣味。瀑布背景前的水池上，有一些平台，这些平台不仅仅是观赏的场所，而且也创造了其他的活动。现代舞蹈、音乐、戏剧都选在这儿进行表演，显示了同一地点的不同的使用方式。波特兰系列广场设计的成功，使哈普林声名远扬。

1966年，哈普林出版了《高速公路》（Freeways）一书，讨论了高速公路所带来的问题，他认为对城市景观最具破坏力的，就是穿越市中心的高速公路。它占用了大片土地，分割了城市中原来紧密联系的地区，在都市空间中刻划上一道隔绝的沟壑。哈普林在书中对

这些问题提出一些未来的解决办法。于是，西雅图公园管理委员会便邀请哈普林在穿过西雅图市中心的5号州际高速公路旁创造一个能实现他的想法的公园。哈普林在研究了基地的情况后，说服了委员会，在高速公路上方架设一座桥，并利用了一个计划建造的停车场的屋顶和一些边缘的零星空地，将公园的范围予以扩大，创作了一个跨越高速公路的绿地，使市中心的两个部分重新联系了起来。高速公路公园（Freeway Park）是一个复杂的园林与公路的立体交叉，公园面积虽然只有2.2hm²，展开的长度却有400m，最高点与最低点相差30m。哈普林充分利用地形，再次使用巨大的块状混凝土构造物和喷水，创造了一个水流峡谷的印象，将车辆交通带来的噪声隐没于水声中。峡谷看起来是人工的，但整个喷泉的运动方式是属于大自然的。这个公园的建成，成为减弱高速公路对城市气氛的破坏的一个例子，并且，由于公园是建造在高速公路的上空，也节省了一笔征用土地的费用。

与波特兰和西雅图的作品类似，哈普林在1971年设计的曼哈顿广场公园（Manhattan Square Park）也是一个水与混凝土组合的公园，意在激发人们参与。广场的中心是一个巨大的空间构架，阶梯可以让人登上高处观赏景色，构架北面是混凝土岩石和喷水。广场的其他部分还有林荫道和儿童游戏场，整个广场与餐厅、地下通道结合起来，成为一处地形变化丰富，与市中心步行联系的具多重使用功能的公园。

这几个作品比较相似，都是哈普林探索用绿地广场将城市中心的不同街区联系起来，以创造人车分流的具人性特点的城市空间。从手法上看，都是运用了代表自然岩石的有水平或垂直条纹的混凝土块和模拟自然界水的运动的喷泉、跌水和瀑布。总的来说，硬质景观的比重较大，这与1960年代美国出于经济上的考虑和受日本的枯山水园林的影响出现了大量硬质景观有关。后来的罗斯福总统纪念园及1980年

西雅图高速公路公园

代建成的旧金山莱维广场（Levi Plaza）在设计手法上仍然是哈氏"山水"的延续，只是软质的材料如植物已大量增加，墙面和地面的材料也丰富了，不再仅是裸露的混凝土，还包括了各种石材和面砖。

莱维广场位于旧金山莱维公司三栋办公楼的中心，被一条街道分为两部分，西面是规则的广场和喷泉，喷泉由一系列高低错落的种植池和水池组合而成，水在各层之间跌落、流淌，一条汀步引导人们参与其中。东部是自然式的树林草坡和蜿蜒的小溪，溪边的置石和草地上的针叶树丛颇有日本园林的情趣。两个部分由一条铺装路来连接，地面铺装一直延伸至建筑底层，材料与建筑的外墙相呼应。与上面三个工程相比，水的落差和流量要小得多，而草地树林面积较大，气氛也相对平静和安逸。

哈普林独特的水景设计手法经常被其他设计师所借鉴，从建筑师菲利普·约翰逊（Philip Johnson）在得克萨斯州沃思堡(Fort Worth)市设计的水园（Water Garden）中可明显地看出哈普林的影响。

哈普林的作品涉及最多、最著名的就是这类城市广场和绿地。但事实上，他的作品的范围是非常广泛的，涵盖了这个行业的许多方面，如商业街区的设计、社区的规划设计、校

西雅图高速公路公园

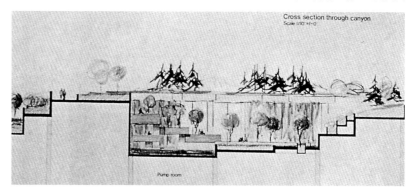

西雅图高速公路公园剖面图

93

旧金山莱维广场

园和公司园区的规划设计以及一些较大尺度的规划。尤其是商业街区的设计，是他非常成功的一类作品。

1962年设计的明尼阿波利斯的尼古莱特大道（Nicollet Mall）是美国同类商业街中的第一条，成为以后许多设计的典范。改建后的街道禁止汽车通行，只允许公共交通穿越；将街道由直线改为曲线，加入较宽的步行林荫道；降低街灯，使之具有人的尺度；增加人性化的小品，如候车亭、站牌、路灯、钟等。这些小品和公共汽车的造型，以及植物的配置都经过精心设计，使步行街成了舒适惬意的商业环境，人们非常愿意在其中逗留购物。这条街在建成开放第一年里，两旁商店的销售额就增加了20%。

旧金山莱维广场水景

1963年旧金山的吉拉登广场（Chirardelli Square）是哈普林探索城市中古老建筑物和古老地区的再使用的一个实例。哈普林创造性地利用了旧有的巧克力工厂的厂房，将其改建为商业用途的建筑，保留了古老的钟塔，添建了

94

哈普林与雕塑家 Armand Vaillancourt 合作设计的旧金山 Justin Herman 广场上的喷泉

约翰逊在得州 Fort Worth 市设计的水园中的舞池（Dancing Pool）

约翰逊在得州 Fort Worth 市设计的水园中的奔腾池（Active Pool）

一些新建筑、步道。将许多餐馆和商店联系起来，形成一个生气勃勃的购物和餐饮综合区。基地保持了原有的形态，但是具有了完全不同的使用性质，不同种族的人都喜欢这里，欣赏这儿的气氛，这个广场成为美国七、八十年代许多城市如波士顿、纽约的节日市场的原型。遗憾的是，80年代，这座广场又一次被改建，如今已经找不到哈普林的设计痕迹了。

在哈普林的社区规划作品中，最著名的是1962年开始设计的位于旧金山北部的海滨农庄住宅区 (Sea Ranch)。该项目引用了生态形式的社区考虑，设计的课题不在住宅的造型，而在于生态环境的土地利用模式：不仅要提供住宅，而且居民和其他人仍然能享受野外粗犷的风景和自然悬崖的地形，土地不受破坏，野生资源能够获得保护。在深入研究了土地、地形、风向、自然植物等一系列问题之后，哈普林提出基本的构想草图和纲要计划，包括建筑簇状安排的模式、屋面与风向的关系等等，然后由两位建筑师艾施里克(Joseph Eshrick)和摩尔(Charles Moore)设计住宅。建成后的社区是一个非常理想的居住地，土地资源受到良好的保护，建筑设计也切合自然的环境与地形。与大多数设计师到1970年代以后才在设计中深入考虑生态主义原则相比，哈普林在1960年代初的尝试又一次走在了前面。

哈普林的设计实践跨越了国界，他在国外的作品主要集中在以色列，如1984～1986年设计的沃尔特／伊拉尔斯哈斯大道 (Walter and Elise Haas Promenade)。它是位于耶路撒冷山上的一条宽阔的石砌公共步道，由此可以眺望老城。大面积的石材，稀疏而严谨的种植，与圣城的气氛非常一致。

哈普林是一个有思想的设计师，他是二战后美国景观规划设计界最重要的理论家之一。他出版了《参与》(Take Part, 1974)、《RSVP循环体系》(RSVP Cycles, 1970)、《哈普林的笔记》(Notebook Of Lawrence Halprin, 1972) 等著作。哈普林分析和关注人们在环境中的运动和空间感受，认为设计不仅是视觉意象的建立，而且是人们在其中移动时其他感官的感受，例如嗅觉、触觉等，即"视觉与生理"的设计。他认为设计通过使用者的参与，能使城市变得更有生活味。受他的妻子，舞蹈家Anna的启发，他将设计的作品视为城市中的一个舞台，参与其中的人们是他的作品中最重要的要素，没有有生命的人，作品就不完整。景观设计师在此时的作用有些类似舞蹈编排者，是安排、组织与城市或社区有关的活动。他还创造性地发明了社区工作体的工作方法，不仅是让市民观察、建议或同意他们的方案，而且要激发、引导市民参与他的事务所的设计过程。他认为，全体公民是环境的最终使用者，应当由市民参与决定环境的设计与政策，这也体现

旧金山北部的海滨农庄住宅区

以色列耶路撒冷的沃尔特／伊拉尔斯哈斯大道

了他作为一个现代主义者的社会民主思想。

哈普林的思想不是孤立的。1960年代，主要在美国，一群设计师和理论家开始调查作为一项参与性活动的景观。例如阿普耶德(Donald Appleyard)，在他的《路上看到的风景》(View from the Road)一文中写了关于在园林中运动和感受的体验。埃克博提出了时间要素的重要性。这个时期的总结，主要是针对人们以怎样的方式接受景观，而不是它实际上看起来是什么。

哈普林继承了格罗皮乌斯的将所有艺术视为一个大的整体的思想，他从广阔的学科中汲取营养，音乐、舞蹈、建筑学以及心理学、人类学等其他学科的研究成果都是他感兴趣的，因而他视野广阔、视角独特、感觉敏锐、思想卓尔不群，这也是他具有创造性、前瞻性和与众不同的理论系统的原因。无论从实践还是理论上来说，劳伦斯·哈普林在20世纪美国的景观规划设计行业中，都占有重要的地位。

### 5.4.3　佐佐木英夫(Hideo Sasaki 1919~2000)

在第二代景观设计师中，佐佐木英夫也是出色的代表。这位日裔美国人1919年出生于加利福尼亚 Reedley 的乡村。作为一个农民的儿子，他从小生长在乡村的环境中，对植物和自然有着天生的兴趣。同时，他也喜欢艺术和外国语言。在家乡的一个专科学校中他获得了一个艺术学位，后来又到加利福尼亚大学洛杉矶分校学习，主修商业管理，辅修艺术。当时，他并没有特别的职业理想，只是听同学介绍，知道了城市规划专业，觉得与自己的兴趣更相符，就于1940年转学到了加利福尼亚大学伯克利分校景观系的城市规划专业。到了伯克利以后他发现景观专业更能激起他的兴趣。然而，战争的爆发改变了他的生活，政府对日裔美国人的拘役政策使他在加州的学习突然中断了。

佐佐木英夫像

为了逃离拘役的禁锢，他志愿去科罗拉多的甜菜地劳动，后来又转到芝加哥。1944年，佐佐木终于回到了校园继续学业。他在伊利诺伊(Illinois)大学学习景观。由于战争，学生的数量很少，教师多是一些经验丰富的老教师，因而佐佐木受到了比较完整的学院派的设计方法的教育。但是作为一个思想独立的学生，他非常关注景观与相关专业如建筑学和工程技术的关系。

1946年，佐佐木以优异的成绩获得景观学士学位。两年以后，又获得哈佛大学景观硕士学位。在SOM公司位于纽约的场地规划部门工作了一个夏天后，他回到母校伊利诺斯大学，成为一名年轻的教师。

经历了二战的低滞之后，随着国家的恢复和重建，无数新的发展计划开始实施，景观行业的春天到来了。景观实践的范围迅速扩展，其核心知识的领域也不断扩大。为适应环境的变化，教学领域增加了新的内容，其他学科的人才也引入了这个行业之中。无论在学校中还是在设计实践中，景观设计师越来越多地承担起组织、合作和指导的角色。佐佐木正是在这样一个背景下成功地扮演了多种的角色。

佐佐木是出色的教育家，他对学生的影响是理智的和激发灵感的。他认为，设计主要是针对给出的问题提出解决方案，是将所有起作用的因素联系成一个复杂整体的过程。在这一过程中，需要运用三种方法：研究、分析和综合。研究和分析的能力是可以通过教学获得的，而综合的能力则要靠设计者自己的天分，但是可以引导和培养。教师的任务就是要培养学生这三方面的能力。

1958～1968年，佐佐木担任了哈佛大学设计研究生院主任。他在学校里建立起先进的课程体系，受到学生的欢迎。他具有组织的天分，很好地管理着教师队伍，并以科学有效的工作方法吸引并引导他的同事和学生。他在哈佛领导的合作研究室通过建筑学、城市规划和景观专业的学生共同努力来解决各种各样的问题，完成课题的研究。

佐佐木的课堂请了许多各方面的专家和一些开业的设计师来讲课和演示，开阔了学生的视野。如他的朋友和以前的同事、著名的规划师凯文·林奇（Kevin Lynch）在写作《城市的印象》（The Image of the City,1960）期间，就应佐佐木之邀在他的课堂上作了客座讲座。同样，佐佐木也在林奇的课上做讲座。佐佐木邀请授课的专家不仅有城市规划的，还有遥感照片分析、土地科学、森林、生态、社会、海洋、水利、照明、市政工程方面的专家。在他看来，景观、艺术、设计、社会目的、生态和经济是平衡的，都能够被理性地结合起来。

佐佐木本人在教学和实践领域保持了令人羡慕的平衡。早在1953年，佐佐木就在波士顿附近开设了第一家事务所。当时，克雷（Dan Kiley）是少数几个与东海岸的现代建筑的领导者如SOM和沙里宁共事的景观师之一。佐佐木的加入很快吸引了这些建筑师的目光，他对设计的敏锐的感觉给他们留下了深刻的印象。

1954～1957年间，佐佐木先后与景观师Paul Novak和Richard Strong成立过合伙设计公司。1957年，他与原来的学生沃克（Peter Walker）在马萨诸塞州成立了Sasaki, Walker & Associates（SWA）设计公司。佐佐木本人的兴趣在于大尺度的公共的和市政的项目，似乎要有意识地复兴奥姆斯特德的工作尺度和公共目标。公司的工作涉及城市设计、大学和公司园区的规划设计、更新规划、新社区的规划设计和区域规划，成为多领域的设计公司，在战后的美国景观行业中扮演着重要的角色。

受格罗皮乌斯的包豪斯精神的影响，佐佐木在SWA坚持集体合作的原则，相信一个高素质、有天赋的集体所具有的创造力、能量和水准，而不依赖围绕个人天才的工作方式。佐佐木具有出色的组织和管理才能，他的事务所既是商业成功的公司，又像一个研究室。他深深地影响他所领导的设计队伍的作品，而不是控制他们的思想。每个周五下午，事务所的成员聚集在一起讨论项目中的问题、自己的观点和解决方案，通过提问和探讨，促进问题的解决。那个时期充满了理想主义和乐观主义，大家都沉浸于对工作的兴趣之中，甚至周末都坚持工作。他的事务所也是学生实践的场所，提供了许多业余和暑期的工作机会以帮助学生，而这些学生反过来在毕业后能在事务所中工作一些年，只需要较少的薪水，不仅作为对事务所培养他们的回报，而且也能为公司的发展出力。佐佐木同样也能使他的客户感到轻松愉快。他能像对待同事一样地对待客户，自如地与客户谈论解决问题的想法和多种可能性，这也是他成功的一个方面。

SWA不追求特定的风格，而是坚持创造完全优质的设计。在早期，事务所发展了一种灵活实用的设计方法，既能适合古典的建筑，也与现代建筑相得益彰。佐佐木的指导思想是奥姆斯特德的田园风光的传统，他认为，景观设计不要吸引对它自身的关注，而是作为一个现代主义建筑和雕塑的平静而高贵的背景。他关注和谐的整体环境的创造，在这个环境中，建筑和景观既相互独立又互为补充。在这一原则的指导下，景观通常表现为结合了18世纪英国风景园和日本园林的一些要素，着重考虑地形、道路、交通系统和建筑的位置，偶尔也会结合一些雕塑或艺术品。在解释用自然式的景观作为几何的现代主义建筑的环境时，他举了日本建筑和园林的例子，认为日本传统建筑虽然是规整的模数化的，但建筑外面的园林却是有机的自由的，这两种形式结合起来创造了一种独一无二的整体环境，"景观必须使用的材料和方法以及必须解决的功能可能常常导致一个与建筑截然相反的设计表达。"

约翰·迪勒总部（John Deere Headquarters）的景观设计，是事务所的设计师道森（Dawson）早期的代表作。沙里宁设计的带有日本风格的建筑坐落在如同风景园的环

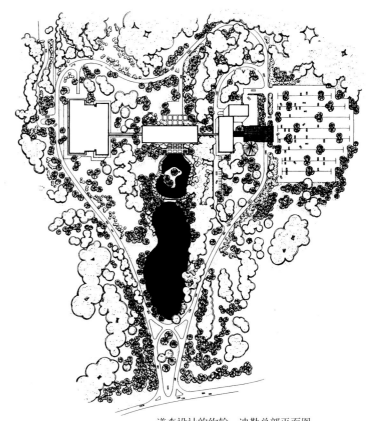

道森设计的约翰·迪勒总部平面图

道森设计的约翰·迪勒总部

境中，亨利·摩尔的雕塑位于一个自然式的人工岛上，曲折的湖岸、起伏的草地以及柳树、糖枫、红枫等组成的树林，将人的视线从建筑引向远处更广阔的田野和森林。这个作品是早期的公司园区设计的经典代表，对后来的许多这一类型的工程产生了很大影响。

加州 Los Altos 的富特黑尔学院（Foothill College）也是类似指导思想的作品，设计者是事务所的合伙人沃克。景观师用缓坡地形与周围的山脚环境相呼应，并与学院建筑的矩形平面形成对比。华盛顿州塔科马市的威耶豪瑟总部（Weyerhaeuser World Headquarters）也是由沃克执笔，与约翰·迪勒总部有些相似的是，用紧临建筑的湖面表现美丽的倒影，用自然如画的水面、草地、树林来软化坚实的建筑，常春藤攀爬在建筑的平台上，减弱了混凝土板厚重的印象。

SWA 设计师沃克设计的加州 Los Altos 的富特黑尔学院

SWA 设计师沃克设计的华盛顿州塔科马市的威耶豪瑟总部

佐佐木对景观行业的一个贡献是通过在合作的规划和设计中证明了景观师的作用，他使景观师在与建筑师、规划师和其他专门人才的合作过程中扮演了重要的角色，有时候还是一个领导者。他认为，规划和设计的延续能够做到天衣无缝，因为规划就是设计。

由于美国西海岸地区城市化发展迅速，1959年，SWA在旧金山设立了事务所，由沃克负责，因其高效率和快节奏而取得了很大成功。而原来的公司更名为Sasaki, Dawson, Demay Associates，1975年又改为佐佐木事务所 (Sasaki Associates)。1973年，SWA的全员持股方案直接导致了与马萨诸塞州水城（Watertown）的佐佐木事务所的联系的断裂。沃克也于1970年代末离开了SWA，创立了自己的事务所。今天，SWA已发展成为具有国际影响的景观事务所，在旧金山、南加利福尼亚、休斯敦和达拉斯都有工作室，业务范围不仅遍

道森在康涅狄格州哈特福德（Hartford）市的宪法广场（Constitution Plaza）设计中用曲线的种植池与几何的建筑形成强烈的对比

布美国各地，而且扩展到世界范围，尤其是亚洲。佐佐木事务所在波士顿的水城、达拉斯和旧金山拥有分支机构，也是美国当今最有影响的景观设计公司之一。虽然SWA与佐佐木和沃克已没有关系，但佐佐木的思想仍然影响着事务所的风格。SWA继续坚持景观的实践是对现状的保护、改良、丰富和超越的思想，坚持

佐佐木1961年为科罗拉多州Boulder市的科罗拉多大学作了总体规划，从那以后几十年来一直参与校园的规划，并完成了校园的种植设计

SWA 与雕塑家格莱恩合作设计的得州的拉斯考里那斯市的威廉姆斯广场

泽恩像

大众化的高品质设计，留下了大量优秀的作品，最著名的有位于得克萨斯州的拉斯考里那斯市（Las Colinas）中心的威廉姆斯广场（Williams Square, 1985），他们与雕塑家格莱恩（R.Glen）合作，创作了一群飞驰而过的骏马，在水池中溅起片片水花，池中的喷泉经过精心设计，将水花模仿得惟妙惟肖。

### 5.4.4  泽恩（Robert Zion 1921～）

20世纪50、60年代，西方发达国家，尤其是美国，建造了大量的高层建筑，一些城市里大厦临肩接踵，挡住了远处的树林、山脉甚至天空，对城市环境造成了巨大的破坏。城市中的绿地犹如沙漠中的绿洲，珍贵而稀有。于是，一些见缝插针的小型城市绿地——袖珍公园（vest pocket park）的出现，很快受到公众的欢迎。以后，这类公园便在大城市迅速发展起来。这当中，除了少数由市政当局建设以外，有些是由一些慈善家捐助建设，有些是由毗邻的摩天大楼的拥有者为改善公司雇员的工作环境、提高公司在公众面前的形象而建设的，还有的是利用多种渠道筹集的资金建设的，市政当局也制定相关的法律政策，推动私人发展城市中的公共开放空间。

位于纽约53号街的帕雷公园（Paley Park, 1965～1968），是这类袖珍公园中的第一个，由泽恩和布林（Zion & Breen）事

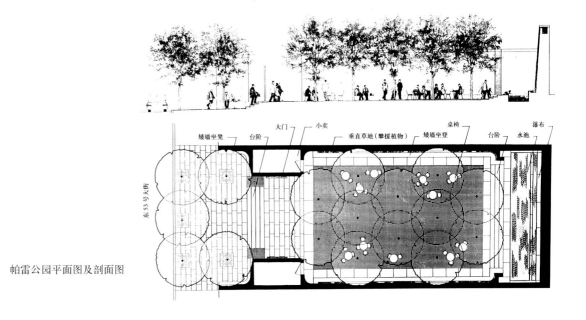

帕雷公园平面图及剖面图

帕雷公园

务所设计。设计者泽恩在40×100英尺大小的基地的尽端布置了一个水墙，潺潺的水声掩盖了街道上的噪声，两侧建筑的山墙上爬满了攀援植物，作为"垂直的草地"。广场上种植的刺槐树的树冠，限定了空间的高度。泽恩称这个小广场为"有墙、地板和天花板的房间"。树下有一些轻便的桌子和座椅，入口的小商亭还提供便宜的饮料和点心。对于市中心的购物者和公司职员来说，这是一个安静愉悦的休息空间。帕雷公园被一些设计师称赞为20世纪最有人情味的空间设计之一。

纽约的 IBM 世界总部
花园广场

其实，这个设计开始于两年前。1963年，在纽约建筑同盟的一次展览中，泽恩和布林提出了"为纽约设计的新公园"。他们认为，纽约必须在建筑之间建立一系列的"袖珍公园"，以为城市中心的职员和购物者提供休息片刻的地方。这样的公园有以下一些特点 尺度很小，可以小到50×100英尺；目的是为了行人的休息；座椅是轻质的可以移动的单个椅子，如金属丝网椅；公园如同室外房间，顶棚是近距离种植的乔木的连续树冠，墙是爬着攀援植物的周围建筑的侧墙，地面是有质感和趣味的铺装，如扇形图案铺砌的粗糙花岗岩小石块 有一个小售货亭出售饮料和食品；运用水景使公园轻松愉快并可有效掩盖城市噪音。后来，CBS公司董事会主席威廉·帕雷（William S. Paley）购买了53号大街上第五林荫道以东40×100英尺的土地，并出资委托设计一个"袖珍公园"，以纪念他去世不久的父亲。公园于1967年建成开放，泽恩和布林当年在展览中提出的袖珍公园的要素大多体现在了这个设计中。这个设计的目的是功能的，不是为了装饰或游乐，这也是提出"袖珍公园"的出发点。

泽恩在长岛长大，在哈佛大学学习，先后获得了文学和工业管理的学位以及工商管理硕士和景观学硕士。从哈佛设计研究生院毕业后，他获得了旅行奖学金去欧洲和北非旅行和学习。回来后，在纽约开始自己的职业生涯。他曾业余为贝聿铭工作，他的第一个重要的委托任务也是贝聿铭介绍的，是位于长岛的一个购物中心的景观设计。1957年夏天，他在纽约建立了泽恩和布林事务所。多年来，事务所只单纯地进行总体规划和景观设计，规模不大，保持在10~20人之间，成员均为景观设计师，1970年代，事务所迁到新泽西的一个农场。

泽恩的代表作除了帕雷公园外，还有纽约的IBM世界总部花园广场。这一广场是纽约市一系列刺激发展公共空间的政策的产物。其位

纽约现代艺术馆雕塑花园

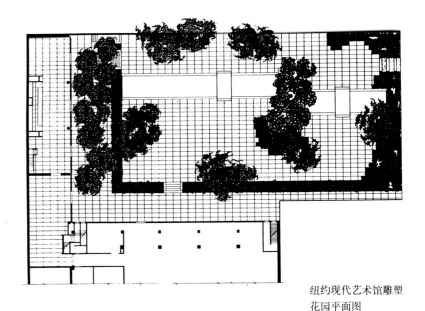

纽约现代艺术馆雕塑
花园平面图

于IBM世界总部一层，是一个三角形的温室花园，由建筑师巴尼斯（Edward Larrabee Barnes）和泽恩共同设计。地面11个菱形的种植池中是挺拔潇洒的青翠竹丛，软化了坚硬的建筑空间，将广场和建筑分隔开来，创造了私密的休息区。长凳和可移动的金属丝网椅提供了相当多的休息的地方。点缀其间的黑色花钵中盛开着郁金香、马蹄莲、绣球花、风信子、天竺葵、玫瑰等缤纷的花卉，更增加了花园广场的吸引力。它不仅为上班族提供了一个短暂停留的地方，为购物者和游客提供了休息、阅读

和进食点心的安静场所，也为周围的行人和职员提供了一条穿越的通道。

纽约现代艺术馆雕塑花园是与建筑师菲利浦·约翰逊合作的产物，是一个现代主义风格的设计。水平和垂直方向的种植池和水池划分了不同的区域，高差的变化和自然点缀的树木加强了空间的区分。

1990年，泽恩和布林事务所设计了位于纽约的一个狭窄街区里的住宅的屋顶花园。在主卧室外的平台上，设计师用竹子和绳捆扎成的篱笆和座椅、灌木状的竹丛、低矮的匍匐针叶

纽约某住宅的屋顶花园

辛辛那提滨河公园

灌木、浅色砾石的地面，创造了和谐宁静的小空间，体现了浓郁的东方情调，是一个屋顶的"世外竹源"。

这些小花园的设计体现了泽恩和布林事务所在城市狭小空间中创造安静而生动的都市绿洲的能力。虽然事务所以创新的充满人情味的城市小花园设计而著称，但实际上他们的工作范围是很广泛的，在大学校园、城市广场、酒店庭院、私人住宅花园、公司或研究所的景观等方面，都留下了动人的手笔。此外，还有如

自由女神像1986年庆典的景观改造、耶鲁大学校园规划等。

20世纪70年代，在辛辛那提滨河公园（Cincinnati Riverfront Park）的项目中，泽恩和布林事务所提出了将河滨的四五个小地块统一规划连成整体的想法。1976年建成的绿色公园是总体规划实施的第一步。公园位于25英尺高的防洪堤的上面，设计师巧妙地将防洪堤和露天剧场式的曲线台阶结合了起来，不仅能抵挡每年4到5次的洪水，而且还为城市中的居民

提供了观赏对岸风景和俄亥俄河中来往船只的地方，同时也是城市的一个集会和演出的场所。

## 5.5  20 世纪 70 年代以后的变化

在美国，20 世纪 50、60 年代是现代主义的黄金时代，以 SWA 为代表的现代主义风格在景观规划设计行业中占据了显眼的位置。而 1960 年代末、1970 年代初，各种社会的、文化的、艺术的和科学的思想逐渐影响到景观领域，景观规划设计的发展开始呈现出多元化的趋势。

这一时期的社会状况发生了变化。石油危机的出现和环境问题的日益加重触动了西方社会，人们逐渐意识到自身生存的自然环境和文化环境都存在着巨大的危机，对现代主义的反省带来了各种思潮的涌动。艺术领域的各种流派如波普艺术、极简艺术、装置艺术、大地艺术等的思想和表现手法给了景观设计师很大的启发，艺术家也纷纷投身景观的创作。在经历了对功能主义的厌倦后，景观与艺术的结合成为大家普遍欢迎的一个举动。同时，建筑界的后现代主义和解构主义思潮也影响了景观设计，反映在许多作品中。席卷全球的生态主义浪潮促使人们站在科学的视角上重新审视这个行业，景观规划设计师们开始将自己的使命与整个地球生态系统联系起来。受种种思想的影响，新一代的设计师对景观有了自己的理解。

曾经是 SWA 的负责人的彼得·沃克(Peter Walker)，在现代主义风格下工作了 20 年后，如脱胎换骨般地神奇地摆脱了原有的风格，以崭新的面貌开创了自己的事业。他从极简艺术中汲取了丰富的营养，将景观的艺术性提高到了一个新的高度。而学习艺术出生的女景观设计师玛莎·施瓦茨（Martha Schwartz），从一开始就视景观为艺术，她的作品表达了当代各种艺术思想和手法的综合，从波普到达达，从极简到后现代。新一代的后起之秀哈格里夫斯（George Hargreaves）的作品体现了科学与艺术的综合，即生态主义原则和大地艺术手段的完美结合。这一时期，还有许许多多的景观师、艺术家和建筑师都为景观行业的发展做出了自己的努力，如哈克（Richard Haag）、穆拉色（Robert Murase）等人。

由于 20 世纪 70 年代以来美国景观设计领域的变化非常复杂，牵涉面很广，需要较大的篇幅来叙述，而且，虽然美国是一个重要的舞台，但实际上整个西方社会的变化是联系在一起的。因此，为了更完善地论述，也为了读者对此有一个整体的认识，这一部分的内容将穿插在本书第 9、10、11 章中。

# 6 拉丁美洲的景观设计

拉丁美洲是世界古代文明的重要发源地之一，印第安人是美洲古代文明的先驱和创造者，他们在与旧大陆隔绝的情况下创造了玛雅文明、阿兹特克文明和印加文明等光辉的成就。15 世纪末哥伦布发现新大陆后，掀起了欧洲人海外拓殖的浪潮，西班牙、葡萄牙、意大利、英国、法国、荷兰等国的探险家和殖民者很快踏遍了整个新大陆沿岸。到 16 世纪中叶，北起加利福尼亚湾，南至南美洲最南端的广大地区，几乎完全被西班牙和葡萄牙的殖民者所占领。其中又以西班牙占有的土地最多，除葡属巴西外，拉丁美洲的大部分土地都在其统治之下。18 世纪末、19 世纪初，拉丁美洲绝大部分地区爆发了独立运动，结束了殖民统治，建立起一系列民主独立国家。

三个世纪的殖民统治，使得拉丁美洲的文化深深印上了殖民国家的烙印，拉丁美洲的文化表现为印第安文化与西班牙或葡萄牙文化的结合，许多地区还加入了黑人奴隶的非洲文化。

如第 1 章所述，西班牙和葡萄牙曾受到伊斯兰文化很大的影响，虽然后来的基督教统治者试图抹去阿拉伯人的痕迹，但是摩尔艺术的灿烂光辉却无法掩盖。在西班牙的一些地区如格兰那达（Granada），留下了极其丰富的伊斯兰文化艺术遗产，阿尔罕布拉宫(Alhambra)的建筑和园林更是全世界伊斯兰艺术宝库中的珍品。由于受阿拉伯人统治的时间相对要短许多，葡萄牙留存下来的伊斯兰文化痕迹并不多，在建筑和园林中，大概只有用马赛克或瓷砖作装饰的爱好，总体上还是追随了欧洲主流风格。

拉丁美洲本土的印第安艺术中，鲜明的色彩和丰富的充满幻想的装饰是一种传统。黑人奴隶所带来的非洲文化中，也有类似的特点。这些特点与西班牙和葡萄牙的艺术特点相结合，形成了拉丁美洲感性的、外向的具有浪漫品质的多元文化特点。

值得一提的是，19 世纪中叶，美国通过战争等各种手段，攫取了墨西哥国土的 55%，加上19 世纪初从西班牙手中购得的佛罗里达，美国南部相当大部分的土地是原拉丁美洲区域，因而，拉丁美洲的文化一直影响到美国南部。

20 世纪初，由于历史造成的等级社会和相对落后的教育水平，拉丁美洲的知识分子群体数量不多，但很活跃，彼此之间大多认识，甚至有很深的友谊，因此各种艺术的交流常常在私人之间展开，很少受到专业之间的壁垒和学院式的条条框框的约束。建筑师是新兴的职业，而景观规划设计这个专业还没有建立，也就没有各种陈规旧律的阻碍。因此，当来自欧洲的现代艺术和建筑传入拉丁美洲的时候，很快就被人们接受了。

现代景观产生于欧洲大陆，伴随着现代建筑的传播，冲击了北美，也传播到拉丁美洲。在当地天才的艺术家和设计师的再创造之下，一些新的风格出现了。最重要的国家是巴西和墨西哥。

## 6.1 布雷·马克斯(Roberto Burle Marx 1909~1994) 与巴西的景观设计

布雷·马克斯像

巴西的现代运动可追溯到三件事：1922年在圣保罗组织的"现代艺术周"，举办了绘画和雕塑展览以及音乐会、朗诵和讲演活动，引起了很大轰动；1929年柯布西耶访问圣保罗和里约热内卢，并作了演讲，产生了很大影响，对以后的巴西新首都巴西利亚的发展也起到了决定性的作用；1930年，科斯塔(Lucio Costa 1902~)任里约热内卢国立艺术学校校长，学习包豪斯的办学思想，彻底改革了教学传统，培养了一批巴西现代运动的中坚力量。

在巴西，出现了以建筑师兼规划师科斯塔、建筑师尼迈耶(Oscar Niemeyer 1907~)和景观设计师布雷·马克斯为代表的现代运动集团，在巴西的建筑、规划、景观规划设计领域展开了一系列开拓性的探索。巴西建筑发展的主流中，柯布西耶的影响是显而易见的，但是尼迈耶等人又添加了表现主义和超现实主义的因素，包括平面和立面上的曲线和生物形态，并结合运用反映拉丁美洲传统的丰富色彩。由于尼迈耶和布雷·马克斯等人作品中大量的曲

布雷·马克斯的马赛克壁画

线，也有人将这种风格称为"现代巴洛克"。

布雷·马克斯是本世纪最有天赋的景观设计师之一。1909年8月他出生于巴西圣保罗市，五岁时全家移居到了里约热内卢。父亲是一位德国犹太裔商人，热衷于文化事业，母亲爱好音乐和园艺。受家庭的影响和熏陶，他从小就表现出对音乐和植物的兴趣。1928年，18岁的布雷·马克斯跟随父亲去德国学习艺术，两年的德国之行可以说是他人生的重要经历。在那里他初次接触了欧洲的现代艺术，梵·高、毕加索、克利和康定斯基的作品给他留下了深刻的印象。在参观柏林的达雷姆(Dahlem)植物园时，他见到了引种在这儿的美丽的巴西植物，被深深地触动了。当时，巴西人对本国热带植物不屑一顾，而热衷于在庭院中种植从欧洲引入的植物，如玫瑰等。造园还保留着欧洲的传统，索然无味和千篇一律的对称设计是普遍的弊端。布雷·马克斯意识到，巴西土生土长的植物在庭院中是大有可为的。德国之行，对他产生了深远的影响。随后几年里，他对巴西花卉的兴趣日益浓厚。他与一些植物学家交往，有了更丰富的植物知识，他本人也热衷于收集植物，发现了一些新种，有些植物后来还以他的名字命名。

1930年布雷·马克斯进入里约热内卢国立美术学校学习艺术，此时学校在科斯塔的领导下，采用包豪斯的教学体系，将绘画、建筑、雕塑、工艺结合起来。布雷·马克斯不仅在自己的专业上成绩优秀，而且与建筑系的学生和老师有相当的接触。这些人中的许多后来都成为巴西现代建筑的领导者，其中包括尼迈耶。他的老师科斯塔，对他也有重要的影响。

布雷·马克斯邀请科斯塔参观了他为自己设计的庭院之后，得到了科斯塔的赞赏，并获得了为科斯塔设计的施瓦茨住宅设计庭院的机会，这是他景观设计职业生涯的开始。1934年布雷·马克斯来到巴西北部的伯尔南布科州(Pernambuco)，在那儿举办了自己的第一次画

奥德特·芒太罗花园平面图

奥德特·芒太罗花园

奥德特·芒太罗花园

副总统官邸庭园

副总统官邸庭园

是杂草的乡土植物在花园中大放异彩，创造了具有地方特色的植物景观。他精通各种植物的观赏特性和生态习性以及如何在设计中创造适宜的植物生长环境，因此对巴西植物的应用得心应手。他还发明了一些新的栽植方式，如用一些旱生植物种植在墙上做装饰，或将攀援植物爬在中心柱上，形成绿色的图腾柱，这些后来都广为传播。由于在这之前，景观设计的优秀传统大多是在温带国家产生，因而，他的研究和试验创造了景观中热带植物运用的范例，包括植物种类的选择和配植的方式，对于类似气候的国家和地区的景观设计产生了重大的影响。同时布雷·马克斯是一位坚定的环境保护者，面对巴西环境严重破坏的情况，他举办讲座，通过各种媒体呼吁环境保护，在其影响下，

布雷·马克斯 1984~1989
设计的 Areias 市的 Fazenda
Vargem Grande 花园

政府采取了一些更现实的措施，建立了一些自然保护地带。

布雷·马克斯的作品同时也继承了巴西的传统。作为葡萄牙从前的殖民地，巴西至今还保留一些漂亮的葡萄牙式建筑，瓷砖贴面装饰着院墙、商店和房子的入口，黑白棕色马赛克铺装着路面。布雷·马克斯的作品中，美丽的马赛克铺装屡见不鲜，但是他用现代艺术的语言为这一传统的要素注入了新的活力。他的马赛克铺装的地面，本身就是一幅巨大的抽象绘画。此外布雷·马克斯还创作了很多马赛克壁画。

布雷·马克斯的景观设计平面形式强烈，但他的作品绝不仅仅是二维的、绘画的，而是由空间、体积和形状构成。草地、砾石和水面提供了一个平坦的连绵不断的大空间，乔木和灌木的使用与低矮的植物形成对比，分割或限定了空间。棕榈、苏铁等三、五一组，种植在园林中，将视线引向上方。

现代景观的产生，可以说很大程度上是受到现代艺术的冲击，并从现代艺术中吸取了丰富的形式语言，在现代景观设计师如丘奇、埃

S.A. 圣保罗的 Banco Safra，
地面铺装如同布雷·马克斯
的绘画

克博等人的作品中都可以看到这种痕迹。而布雷·马克斯将现代艺术在景观中的运用发挥得淋漓尽致。从他的设计平面图可以看出，他的形式语言大多来于米罗和阿普的超现实主义，同时也受到立体主义的影响。他创造了适合巴西的气候特点和植物材料的风格，开辟了景观设计的新天地，与巴西的现代建筑运动相呼应。他的成功来自于他大胆的想像力，来自于他作为画家对形式和色彩的把握和作为园艺爱好者对植物的热爱和精通。布雷·马克斯将景观视为艺术，他是20世纪最杰出的造园家之一，他的设计语言如曲线花床、马赛克地面被广为传播，在全世界都有着重要的影响。

## 6.2 墨西哥的景观设计

### 6.2.1 巴拉甘 (Luis Barragán 1902–1988)

巴拉甘像

曾于1980年获得普林茨克建筑奖的墨西哥建筑师巴拉甘在拉丁美洲现代景观的发展中占有重要的地位。巴拉甘的作品，将现代主义与墨西哥传统相结合，开拓了现代主义的新途径。巴拉甘的作品规模都不大，以住宅为多，他常常是建筑、园林连同家具一起设计，形成具有鲜明个人风格的统一和谐的整体。巴拉甘的园林以明亮色彩的墙体与水、植物和天空形成强烈反差，创造宁静而富有诗意的心灵的庇护所。

巴拉甘1902年生于墨西哥哈利斯科省 (Jalisco) 的省府瓜达拉哈拉 (Guadalajara) 的乡村，他的父亲拥有一个大农场。他童年的记忆都是关于乡村生活的。这里的人们住在有天井的房子里，树干被掏空，做成水槽，在村庄的屋顶上纵横交错，水顺着水槽边沿流下来，滋润出清翠的苔藓。宽阔的山谷中，牧人们骑着骏马飞驰在蓝天白云下。农场附近还有印第安人的村落，房子有宽大的屋檐，屋顶覆着瓦片。这些乡土建筑和传统的乡村生活方式给巴拉甘以后的建筑和景观设计留下了深深的烙印。1920年代早期，该地区经济发达，文化活动非常活跃，画家、诗人、作家、音乐家、建筑师、思想家、历史学家聚集在这儿，文化艺术气息异常浓厚。还出现了被称为塔帕提奥学派（Tapatío School）的建筑师群体，他们在设计中排斥外来影响，致力于挖掘地方传统建筑的源泉，将其发扬光大，试图将具有持久魅力的传统风格带入现代社会。这些建筑师中有的正是巴拉甘的朋友。

青年时代的巴拉甘在瓜达拉哈拉工程学院学习水利工程专业，并于1925毕业，获得工程学位。然后，为了获得建筑学位，在两位建筑师手下学习建筑，但不久就中断了。原因是，为奖励他完成学业，同时也为了开阔他的眼界，他的父亲决定送他去欧洲旅行。巴拉甘在欧洲逗留了两年，参观了欧洲许多城市，虽然没有在任何学术机构学习，但依然收获很大。欧洲美丽的园林让他流连忘返，尤其是西班牙格兰那达（Granada）的花园、意大利的别墅花园和地中海北部的花园。参观格兰那达的阿尔罕布拉宫和夏宫的经历使他终生难忘，西班牙摩尔艺术的亲切、宁静和私密感深深打动了他。

在巴黎的时候，巴拉甘正好有机会参观了1925年的国际工艺美术展，这对他的一生产生了重大的影响。虽然他不喜欢大多数的展品，甚至有些反感，但是有一个园林作品吸引了他，经过打听，得知这是法国作家费迪南德·巴克(Ferdinand Bac)的作品。让他感到欣慰的是，在展览上还看到了巴克的两本书《迷人的花园》(Jardins Enchantés)和《莱科洛姆比厄雷》(Les Colombières)，书中美丽的文字和漂亮的插图描绘了具有伊斯兰风格的住宅、花园和村庄。他毫不犹豫地买了好几套，回国后送给几位挚友。巴克的书对巴拉甘来说就像一本启示录，引导他重新认识几乎已被遗忘的地中海传统的丰富性，以及它与他家乡的那些朴素但不乏精彩的传统村庄、街道、庭院之间深刻的联系。结合参观格兰那达的感受，他对与墨西哥文化息息相关的地中海文化有了感性而深刻

117

巴克的书《迷人的花园》和《莱科洛姆比厄雷》

巴克的书《迷人的花园》
中的插图

的认识。两年的欧洲之行，巴拉甘的兴趣已经转移到了建筑和园林上，他产生了创作的灵感和冲动。

　　回到墨西哥，由于他的同为工程师的哥哥有一个事务所，巴拉甘很快有机会设计并建造了一些住宅和花园。这段时间的作品，既有显而易见的地方传统特点，又有浓郁的伊斯兰风格。他的父亲1930年去世以后，他开始管理家庭农场和别的产业。1931年他转道纽约第二次

出国旅行，到达了法国、摩洛哥、意大利、瑞士和北美等地。在纽约期间，拜访了旅美的墨西哥画家奥罗兹科（C.Orozco），对他的作品产生了兴趣。立体主义画家奥罗兹科的绘画受墨西哥印地安传统的影响很深。在法国停留的时候，巴拉甘听了柯布西耶的讲课，还专程去参观了巴克的作品莱科洛姆比厄雷（Les Colombières），亲眼目睹了他看过无数遍的巴克的书上所描绘的景象，并最终见到了巴克本人。与巴克的交谈使他越发敬佩这位法国作家和园林艺术家。而巴克在看了巴拉甘作品的照片后，也赞赏他对自己的设计风格的理解。

　　去摩洛哥旅行是他一生中印象最为深刻的事之一。摩洛哥是一个色彩丰富的国家。移居美国的原包豪斯的色彩大师拜耶（Herbert Bayer），曾专门研究用科学的方法分析色彩，晚年时去摩洛哥旅行，回来后感叹道：现在我终于可以安静地死去了，因为我已发现了色彩。巴拉甘当年也被这儿的景象深深吸引，他看到了这里的建筑与当地的气候和风景是如此的协调，与当地人的服装、舞蹈和家庭密切相关。他认识到墨西哥的民居，白墙、宁静的院子和色彩明亮的街道，与北非和摩洛哥的村庄

摩洛哥明亮的色彩

和建筑之间存在着深刻的联系。这次旅行，巴拉甘不仅对巴克的设计思想和地中海精神理解更透彻，也加深了他以前对现代绘画、文学和建筑运动的认识。

1930年代，瓜达拉哈拉城要拆掉位于城市西边的一座监狱建公园，巴拉甘的哥哥负责这个公园的建设，巴拉甘参与了这项工作。公园设有儿童游戏场、露台、喷泉、长凳、道路和花园。这个作品显现出欧洲功能主义、当地传统建筑和巴克的多重影响。

位于恰帕拉（Chapala）的马戈（Mago）住宅花园（1940年）在他的作品中具有重要的意义，是他一个时期以来一些观念的总结。这是一所位于陡峭山脚的乡村住宅，是巴拉甘的姐姐和姐夫的住所，四周植物茂盛，透过枝叶的缝隙可以看到远处广阔的湖面。通过住宅的改建和花园的建设，巴拉甘创造了几个不同标高的平台，精心安排台阶和坡道的位置，强调

位于恰帕拉的马戈住宅花园

位于恰帕拉的马戈住宅花园

材料的对比，每个空间各有特点，步移景异。

　　1936年，为了事业更好的发展，巴拉甘移居墨西哥城。此间，他建造了一些公寓建筑和一些小住宅。1940年，巴拉甘购买了一块土地，建造了一些花园，由于是为自己作设计，因而工作起来很自由。后来这些花园大多出售了，只留下了一处作为他自己的住宅和花园。从1940年到1945年间，他将精力放在了房地产项目的运作和规划设计上。他发现在墨西哥城南一块崎岖的布满粗犷的火山岩的地方，极有潜力发展成为一个优美的居住区。巴拉甘亲自做了规划，并为建筑设计规定了标准，以保证建筑与环境的协调，避免破坏原有的地形、地貌和植被等自然景观。他还设计了许多花园和一些装饰的小品，如喷泉、入口、格子架等。这就是著名的埃尔佩德雷加尔（El Pedregal）。在当时墨西哥城正朝向柯布西耶所描绘的方向发展时，巴拉甘的这个设计却更像霍华德的思想体现。这个项目从1945年一直到1952年才完成。

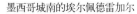

墨西哥城南的埃尔佩德雷加尔

巴拉甘的住宅花园

1957年，受卫星城发展公司的邀请，巴拉甘为规划中的墨西哥城卫星城设计一个标志物。选址位于墨西哥城的北边，在高速公路干道的边上。巴拉甘的想法是要由一组具有强大吸引力的垂直的要素组成。他邀请了雕塑家戈埃里兹（M.Goeritz）与他合作，设计了一组高低错落的塔体，具有红、蓝、黄、白不同的颜色，直插蓝天。

50到60年代，巴拉甘做了许多居住区的规划和室外环境。在墨西哥城东北部20公里左右的一个旧种植园的土地上，巴拉甘规划开发了一个以骑马和马术为主题的居住区拉斯阿博雷达斯（Las Arboledas）。在居住区入口处他设计了一道红墙，著名的饮马槽广场（Plaza del Bebedero los Caballos 1959）也位于这个地方。他在浓郁的桉树林中自由布置了蓝色、黄色和白色的墙体，墙在满盈的长水槽中投下倒影，水槽中的水沿池边落入狭窄的水沟，产生的水声被巴拉甘称为"景观的音乐"。他的构思是将这个地方

墨西哥城卫星城入口标志

拉斯阿博雷达斯居住区入口处的红墙

121

拉斯阿博雷达斯居住区中的
饮马槽广场

"俱乐部"社区中的"情侣之泉"

设计成骑马者饮马聚会的场所。在距此不远
的地方，巴拉甘还开发了另一个称为"俱乐
部"（Los Clubes）的社区，里面有他的一
个重要的喷泉作品"情侣之泉"（Fuente de
Los Amantes）。

50年代末，巴拉甘与美国建筑师路易斯·
康（Louis kahn）合作设计了位于美国南加利
福尼亚的萨尔克生物研究所（Salk Institute of
Biology Research）的中心庭院，这是一个没
有植物的"花园"，两旁对称的素面混凝土建筑
围合出空旷的中庭，在庭院的中心一条笔直的
水槽将视线引向远处的天空。这个庭院由于它
肃穆而神秘的气氛被称为"没有屋顶的教堂"。

1968年，他在圣·克里斯多巴尔（San
Cristobal）住宅的庭院中，使用了玫瑰红和土
红的墙体和方形大水池，水池的一侧有一排马
房，水池也是骏马饮水的地方。红色的墙上有
一个水口向下喷落瀑布，水声打破了由简单几
何体组成的庭院的宁静，在炙热的阳光下给人
带来一些清凉。

巴拉甘的事务所一直保持着小规模，从未
超过25人。墙的建立、质感的运用、色彩的处
理以及对整个空间的"情感"效果的检查，是
巴拉甘必须亲自参与决定的。他特别在意墙的
高度、各种角落、材料的质感和花园设计等细
节处理，并用这些来说明"时间、地点和情感"。
巴拉甘经常邀请他的一些最亲密的朋友来讨论
他的方案，他们当中包括画家、历史学家、艺
术评论家、植物学家、园艺家等，这是他的设
计过程中重要的一环。

巴拉甘反对现代主义中的纯粹功能主义，
尤其是那句著名的口号"住房是居住的机器"。
他认为，建筑不仅是我们肉体的居住场所，更
重要的是，它是我们精神的居所。他拒绝外墙
巨大的玻璃窗，认为是对人的私密性的侵犯，
也反对光秃秃的混凝土外墙，觉得"太可怕，必
须涂上颜色"。

在巴拉甘设计的一系列园林中，使用的要

圣·克里斯多巴尔住宅庭院

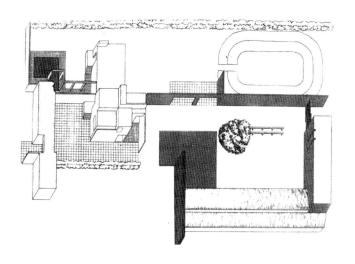

圣·克里斯多巴尔
住宅庭院轴测图

圣·克里斯多巴尔住宅庭院

圣·克里斯多巴尔住宅庭院

素非常简单，主要是墙和水，以及引入的阳光和空气，有时再添加一两件木制的构件。童年时期对父亲的农场的记忆构成他作品的基础，他的作品就是要将这些遥远的、怀旧的东西移植到当代世界中。特别是对喷泉的美好回忆一直跟随着他：排水口、种植园中的蓄水池、修道院中的水井、流水的水槽、破旧的水渠、反光的小水塘，这些都通过这位水利工程师之手体现在了设计中。

巴拉甘的作品强化了孤寂、神秘、喜悦和死亡。巴克曾说，花园的精髓就是具有人类所能够达到的最伟大的宁静。巴拉甘显然继承了这一思想，对他来说，优秀的园林就是和整个宇宙息息相通。巴拉甘的作品赋予我们的物质环境一个精神的价值，他将人们内心深处的、幻想的、怀旧的和来自遥远世界中的情感重新唤起。他的建筑是神秘的、意外的、唤起回忆的堡垒，排斥过度的无约束的外向生活。他的作品中暗含西班牙格兰那达的宫苑、摩洛哥的墙、色彩和格子以及意大利南部的建筑的影子。

他的色彩来自于哥伦布以前的墨西哥，也来自于摩洛哥等地中海国家。他自己从现实生活中提取色彩，也从画家的绘画中借用了一些颜色和色彩组合。早期作品中色彩的运用多局限于小的要素，如栏杆、格子、木门、窗户、家具和墙的厚度。后期的色彩运用尤其大胆，整面的墙和天花板都是鲜艳的明黄、大红、桃红、海蓝、橘黄、紫罗兰等颜色，而且毫不忌讳的大量运用各种对比色，体现出他的作品独一无二的特点。

巴拉甘注重在建筑和园林空间中创造神秘和孤独，对他来说，设计是一个发现的过程，是寻找答案的过程，只有那些具备美丽和和能够感动人的品质的答案才是正确的。他的构造空间唤起了一种情感，一种心灵的反应，一种怀旧的情结和为人们的思想提供了一种归属感。他简练而富有诗意的设计语言，在各国的建筑师和景观设计师中独树一帜。很多人试图将巴拉甘的作品归于某个特定的流派或主义，如"极简主义"等，巴拉甘作品的简洁和神秘感确实与极简主义有异曲同工之处，但他的作品的亲和力和对人性的关怀却是极简主义中不多见的。巴拉甘是独特的，但他并不是游离于世界艺术潮流之外的，他了解并掌握现代建筑的本

巴拉甘设计的庭院一角

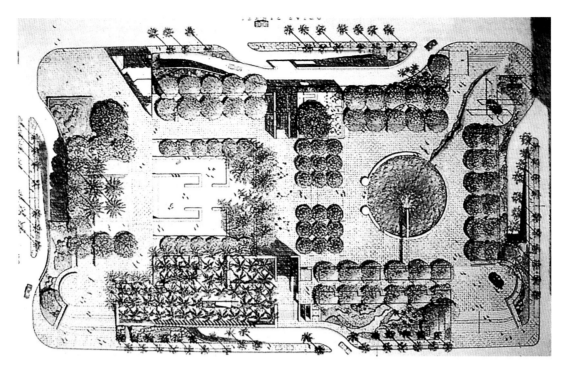

质，更重要的是，他还发现了传统建筑中的永恒价值，并把两者完美地结合了起来。如今，巴拉甘作品中的一些要素，如彩色的墙、高架的水槽和落水口的瀑布等已成为了墨西哥风格的标志，常常被其他设计师所借鉴。

晚年，巴拉甘受到帕金森病的折磨，丧失了行走和说话的能力。1985年，巴拉甘在轮椅上接受了家乡政府授予的奖章。1988年11月23日，巴拉甘在墨西哥城的家中逝世，第二天，他的遗体被送回家乡瓜达拉哈拉，安葬于家族墓地。几个月后，巴拉甘的藏书和他的好友兼合作者迪阿兹（Ignacio Díaz）的书一起，一同捐献给了家乡，建立了一座图书馆。

### 6.2.2 里卡多·莱戈雷塔·比利切斯(Ricardo Legorreta Vilchis 1931 ~ )

巴拉甘有不少的追随者，墨西哥建筑师里卡多·莱戈雷塔·比利切斯是其中一个。他继承了巴拉甘的建筑的大部分特点，并运用现代技术，面对现实生活的需要，把这种风格引入更大尺度和功能更为复杂的建筑。当然，也有人说莱戈雷塔的建筑就是将巴拉甘的风格世俗

化，主要是因为莱戈雷塔的建筑似乎缺乏巴拉甘的超凡脱俗的气质，但这也许是这种扩展的尝试所不可避免的。

由于美国加州等地与墨西哥的文化渊源，许多业主喜欢墨西哥风格的建筑，莱戈雷塔在美国南部设计了许多作品，其中之一便是珀欣广场(Pershing Square)。珀欣广场位于洛杉矶第五、六街之间，其历史可追溯到1866年，曾经是城市的像征。广场几经改建，50年代改建成地下停车场，70、80年代逐渐破败，沦为无家可归者和毒贩的聚集地。

1984年，为了恢复珀欣广场原有的意义，为不同种族的市民提供一个交流的场所，市府举办了一次全美的设计竞赛，希望使珀欣广场得到再生。虽然塞特（Site）公司在决赛中胜出，但是他们过于前卫的方案由于市民的反对而被搁置。后来莱戈雷塔和费城的景观设计师欧林（Laurie Olin）被邀请重新设计此广场。广场的中心部分有明显的轴线，但在两侧通过平面和立面的丰富变化，完全打破了对称的布局，使广场既与城市格局相协调，又呈现丰富的空间变化。广场的东侧有一个20几米高的紫

莱戈雷塔设计的
洛杉矶珀欣广场

色的几何形塔，在开阔的空间里显得十分突兀，成为城市的地标，实际上它是地下建筑的通风口。连接高塔的紫色墙，既是空间的界定，也是高架的水道，将水引向南部的圆形大水池。广场的北部是2000个座位的草地露天剧场，西部是黄色的咖啡厅。为了避免造成犯罪的死角，广场显得格外地开放，植物围绕在四周，作为与道路的阻隔。在设计中运用了鲜黄、土黄、橘黄、紫色、桃红等色彩和水渠等具有墨西哥特点的要素，充分体现了洛杉矶这个多民族聚居的城市的历史特点，也使珀欣广场充满了活力。

# 7 斯堪的那维亚半岛的景观设计

斯堪的那维亚国家包括瑞典、芬兰、挪威、丹麦和冰岛五个国家。他们的现代设计有着相似的特点，追求朴实、美观和实用，其风格自成一体、独树一帜，产生了世界性的影响。其中尤以瑞典和丹麦在景观设计上的发展最为突出。

斯堪的那维亚国家均地处高纬度地区，有些地方接近北极圈，有着漫长的冬季和冬季漫长的夜晚，特殊的气候条件使人与建筑、室内、产品包括环境的关系显得特别密切，设计非常重视人情味，建筑、景观常采用砖、木等本土材料，从传统中吸收设计语言，再与现代设计结合起来，形成具有本土特点的现代主义。

斯堪的纳维亚的自然景观非常平和，这里柔缓的地表变化、整体的植物群落、平静的湖泊、缓缓弯曲的海岸塑造了人民平和的心态。斯堪的纳维亚人民对自然有着强烈的热爱，景观设计表现出对大自然的向往。

斯堪的那维亚国家多是高税收、高福利国家，人民享有平均的、良好的生活水准。社会各阶层生活水平的靠近，使工人阶层的地位明显上升。因此，不同于法国等一些国家，那里艺术的发展在经济和道德上依赖于大城市里的上层阶级，在斯堪的那维亚国家，这种发展则依靠知识分子、中产阶级和工人阶层上层。建筑、园林、工业产品没有机会向奢侈品方向发展，功能主义占据了主导地位，现代运动得到了广泛的社会需求的鼓励,受到普遍的欢迎。为普通人提供普通的，但却是精良的设计是斯堪

的那维亚国家各个设计领域追求的最高境界。

斯堪的那维亚国家尽管国土面积在欧洲并不算小，但人口不多，由于他们在历史上都曾经遭受德国或俄罗斯等相邻的大国的侵略，总是感到来自近邻的威胁，于是产生于一些大国的每一件新事物在斯堪的那维亚都常被以一种谨慎的态度来看待。在设计上，斯堪的那维亚国家从来没有试图以纪念碑式的形式或是以绚丽的外表与邻国竞争，他们总是把对舒适和使用的追求放在首位，总是试图改进现有的解决问题的方法，而不是盼望着新事物的出现。产品设计不追求前卫、精英化与视觉冲击效果，而是着眼于追求内在的价值和使用功能，所以多数产品在使用了数十年后，仍然非常实用，并且充满魅力。与产品设计相似，斯堪的那维亚的景观设计也是本土的，是贴近日常生活的。可以说，日常生活的需要是景观设计的重要出发点。在斯堪的纳维亚国家，人民的生活中沉淀了许多舒适的内容，园林是满足舒适生活的条件之一。但是在实用的同时，斯堪的纳维亚的景观并不缺少浪漫，设计师常常采用自然或有机的形式，以简单、柔和的风格，创造出富有诗意的园林景观。

或许不少人赞叹法国设计师丰富的创造力为我们带来了强烈的视觉艺术效果，也有不少人更欣赏美国景观设计让人愉悦的普遍的高水准，在这些国家，不仅设计优秀，而且有财力的保证，材料精细。但是斯堪的纳维亚的景观

设计与此完全不同，在这里，设计不追求表面的形式，因为这与他们的民族性格迥异。

斯堪的纳维亚的景观设计几十年来较少地受到外部环境流行风格的影响，坚持走自己的道路，以功能化的、朴素的风格受到人们的尊敬。

## 7.1 瑞典的景观设计

瑞典位于斯堪的那维亚半岛东南部，是一个人口稀少、远离欧洲大陆的美丽国家。虽然纬度很高，但由于湾流的影响，气候相对温和。整个国土湖泊众多，景色秀丽，国家的历史也相对悠久。斯德哥尔摩以西玛拉伦湖（Lake Mälarew）边 17 世纪建造的德莱汀候姆园（Drottningholm）是欧洲著名的巴洛克园林。18 世纪位于斯德哥尔摩北部的风景园哈加园（Hagaparken)也有很高的成就。19 世纪末 20 世纪初，瑞典园林受德国风格的强烈影响。20 世纪前几十年的公园保持了19世纪后半叶的社会模式，是作为中产阶级休闲的地方。设计常常不顾地形，以几何图案的道路展开，同时强调了植物的园艺表达。随着政治和社会状况的变化，功能主义的公园开始崭露头角。

现代运动大约在 20 世纪 30 年代传到了斯堪的纳维亚国家，没有遇到像其他地方所遭到的强烈抵制。在瑞典，功能主义的模式很快代替了以前那些高贵的典型，这很大程度上由于这个国家的社会和政治状况。社会民主党自 1917 年以来就在国会中享有绝对的多数，因而能顺利地推行他们的政治纲领。30、40 年代，由于避免了战争，瑞典获得了相当好的发展环境，经济膨胀，人民对未来充满希望，"瑞典模式"逐渐建立——即一个现代福利国家，它的目的是使人民获得普遍的好处。

1939 年，瑞典建筑师阿斯普朗德（Gunnar Asplund 1885～1940）和莱维伦茨（S. Lewerentz）设计了斯德哥尔摩森林墓地（Woodland Cemetery）。这是一个现代建筑与

斯德哥尔摩森林墓地

斯德哥尔摩森林墓地

1927～1935 阿斯普朗德设计的图书馆公园

## 7.2 丹麦的景观设计

丹麦位于欧洲大陆西北端,由400余个大小岛屿组成,南部毗连德国,北与挪威和瑞典隔海相望。丹麦有着与瑞典相似的社会、经济、文化状况。由于二战中遭到了一定的破坏,发展落后于瑞典。战后,受"瑞典模式"的影响,也成为高税收高福利国家,"斯德哥尔摩学派"很快在城市公园的发展中占据了主导地位。

在小尺度的环境中,丹麦的景观设计师常以简洁、清晰的手法,构筑特点鲜明的景观,追求社会品质与美学品质的融合,成为二战后欧洲景观设计最有影响的团体之一。著名的设计师是布兰德特(Gudmund Nyeland Brandt 1878~1945)、索伦森(Carl Theodor Sørensen 1893~1979)和安德松 (Sven-Ingvar Andersson 1927~),他们都曾在位于哥本哈根的皇家美术学院 (the Royal Academy of Fine Arts)的建筑学院任教,这所学院影响了几代景观设计师。

### 7.2.1 布兰德特(Gudmund Nyeland Brandt 1878~1945)

布兰德特精通植物,善用野生植物和花卉,他的柔和的园林形式体现了丹麦人对自然景观的热爱。在哥本哈根市中心的蒂伏里

布兰德特在哥本哈根市中心的
蒂伏里花园中设计的小花园

133

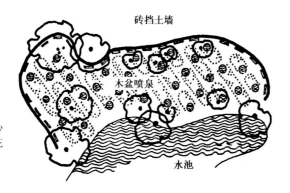

砖挡土墙

木盆喷泉

水池

布兰德特在哥本哈根市中心的蒂伏里花园中设计的小花园平面图

布兰德特设计的哥本哈根 Mariebjerg 墓地局部

(Tivoli)花园中，他设计了一系列并排的卵形种植池，池中绿地上点缀着数十个木盆喷泉。在大的环境中他借鉴了英国设计师杰基尔(Gertrude Jekyll)和路特恩斯(Edwin Lutyens)的思想，用精细的植物种植软化几何式的建筑和场地。布兰德特倡导用生态原则进行设计，他认为自己更是一位园艺家，而不是设计师，他的设计常用规则式和自然式混合的形式。

布兰德特常用绿篱来分隔空间，他将 Ordrup 的私家花园分为三部分，环绕草地和树木的住宅和平台部分，果园和台地水花园部分，最后一部分是在桦树和山毛榉树的小树林中点缀着野花的充满野趣的花园。绿篱创造了小气候，两侧的绿篱也形成了封闭的通道。

### 7.2.2 索伦森(Carl Theodor Sørensen 1893～1979)

索伦森早年曾在日德兰半岛(Jutland)作学徒，获得了熟练的园艺技能。在丹麦，作学徒是许多同时代的建筑师、家具设计师和工业设计师成长的途径，这种训练使得丹麦的设计师具有娴熟的手艺和精良的细部处理能力，从而造就了丹麦设计的独特品质。1922年独立开业前，索伦森曾在景观设计师约根森(Erstad Jorgensen)事务所工作，1954～1963年成为皇家美术学院教授，他偶尔也与布兰德特合作。

索伦森是一位出色的设计师。他的作品超过2000件，设计始终保持着单纯的风格。他喜欢用几何原型诸如螺旋、圆和正方形，并且发现了椭圆形的魅力。他善于使用一些简单几何体的连续图案，在这样的构图中，那些单一形体之间的空间却是丰富多彩的。他也经常使用绿篱，用修剪的绿篱和自然生长的绿篱相互对比，产生微妙而迷人的反差。他的作品最大的特点就是简洁，用简单的几何形为花园创造宁静的背景。同时植物的选择和种植也很简单，简单也是充分利用一个地块的关键，是将花园与更大范围的环境联系起来的关键。

索伦森是一位受人尊敬的教师，培养了大量的学生，他们当中许多人都成为丹麦景观行业的中坚力量，其中有挪加德(Ole Norgaard)，布劳屈曼(Odd Brochman)，安德松(Sven-Ingvar Andersson 1927～)和马汀松(Gunnar

1952年索伦森设计的丹麦 Kalundborg 市教堂环境

Martinsson 1924～）。索伦森在丹麦享有"景观设计之父"的声望。

索伦森又是一位学者，他研究的领域非常广泛，一生著书立说，出版了近10本景观设计的书籍。他的第一本书是1931年出版的《公园政策》（Park Policy），用来指导城镇和乡村开放空间的规划，其理论在今天的丹麦也没有失去意义。

索伦森于1939年出版了的《论花园》（Om Haver）一书，书中收集了丹麦和瑞典的园林，特别是现代运动初期的园林，对于现在的读者

索伦森设计的斯德哥尔摩
Sverige Riksbanken 银行庭院

奥尔胡斯大学校园中的
露天绿色剧场

来说，它是研究这两个国家现代园林发展的非常好的材料。

1959年索伦森出版了《园林艺术的历史》（The History of Garden Art）。在书中他将园林历史划分为4个时期，并阐述了每一时期的景观特点，显示出他对园林历史的独到见解。

在1963年出版的文章《园林艺术的起源》（Origin of Garden Art）中，索伦森更深入地论述了园林的艺术性。"园林艺术可能是最古老的艺术之一，最早的园林由围合和入口两个基本的要素组成。"他认为，古代一个家庭的女主人在自家屋外用篱笆围起的有入口的院子就是园林的原型。这样的院子最初应该是圆形或椭圆形的，因为这是围合的最基本的形式。只是由于后来耕种的需要，才发展成方形或长方形的。

索伦森认为园林是艺术形式的一种，与绘画、音乐、雕塑和文学相近，相比于建筑受到的限制，园林艺术是自由的。"我们试图使事物在技术上更完善，这多少可以理解，但让人很迷惑的是，我们还有更深的更本能的愿望使事物更美好。提高我们的技术是容易的，包括产品的质与量，但是，我们试图提高美时却不知所措。我们接受了美的思想，并意识到对美特别的需要。我们不满足于创造仅满足于功能事物，它们还必须是美的，有时仅仅是美……大多数花园常常是出于这样一种目的建造的，即要成为美丽的。花园作为一个艺术的思想对许多人来说并不陌生和困惑，全世界的人所能想像的最可爱的事物就是花园——伊甸园。"

索伦森的目标是创造一个能够被深入体验的场所。景观设计是空间的艺术，是引导观赏者在空间中穿越的艺术。景观应该是振奋人心的，能够让人们从机器般的住宅和办公室中解脱出来。索伦森的设计就是对空间、美和艺术的追求。他曾在文章中提到过芒福德（Lewis Mumford 1895～1990）和朋友Steen Eiler Rassmussen两人对自己的影响。

1966年索伦森出版了《39个花园的规划》（39 Haveplaner），书中对一个标准的市郊的地块依不同的主人而提出了39个不同的设计方案，每个方案都令人难忘，这些方案对后来的设计有很大的影响，该书也被译成多种文字出版。

1920年代他设计了丹麦第二大城市奥尔胡斯（Aarhus）的大学的校园环境，他运用简单的形式和仅仅一种植物——橡树，表现了丹麦的典型景观：篱墙、小山、草地、树林、小河和湖面。索伦森还利用地面高差的变化设计了一个露天绿色剧场，剧场与大学的建筑之间是橡树林。

索伦森对欧洲城市中涌现的大尺度的公寓和街区非常反感，认为这种没有私家花园的住宅形式特别不适合孩子们的居住。为此他创造

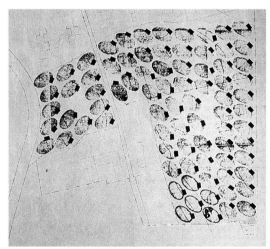

哥本哈根北部 Nærum 的家庭园艺花园平面图

哥本哈根北部 Nærum 的家庭园艺花园鸟瞰

哥本哈根北部 Nærum 的
家庭园艺花园

了一些出色的游戏场，还为在公寓里的许多家庭设计了位于城市边缘的家庭园艺花园（Allotment Gardens）。最好的实例是在哥本哈根中心城的北部的Nærum，1948至1949年他设计了50个家庭园艺花园(Nærum Kolonihaver)。它们都是椭圆形的，大小一致，坐落在草地缓坡上，每一个花园都由绿篱环绕，有一个入口。它们从本质上来说是史前的花园的形式。索伦森认为最初的花园就是在大地上用篱笆围合成一个椭圆形，然后有一个入口，围合和入口是花园最初的两个要素。每个椭圆形提供了一个私家花园的基本功能，而花园外绿篱之间的空间并非是消极无用的，相反这里变化非常丰富而吸引人，不同尺度的空间持续流动，收合或开敞、上坡或下坡，如同一个通向更开阔空间的狭窄通道的迷宫，孩子们可以在里面游戏寻觅。

第一次世界大战后，在哥本哈根外围建造了许多新的城市街区和3～5层的没有电梯的公寓楼，他为许多这样的街区设计了环境。他的出发点是为儿童活动提供一些场地，他认为，为了满足在城市街区中成长的孩子们的玩耍、

运动和捉迷藏的需要，这些场地必须具有三个要素——沙滩、草地和树林，特别是带有林间空地的树林能引起孩子和大人的兴奋和惊喜。他设计的游戏场不论大小都有这三个要素，克洛克花园（Klokkergården）是影响很大的一个实例。花园坐落在一个三角形地段上，三边都是五层的住宅。索伦森在偏离三角形中心的地方设计了一个由密林环绕的卵形的林中空地，前面是草地，使用功能非常合理，形式清晰简洁。

音乐花园（The Musical Garden）是索

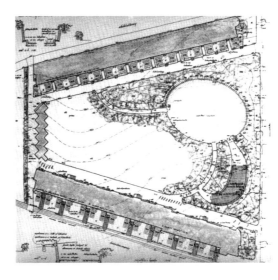

克洛克花园平面图

索伦森的音乐花园设计图

伦森最著名的设计之一。为纪念丹麦航海家布林（Vitus Bering），1945年，他的出生地Horsens市邀请索伦森设计一个纪念公园。索伦森作了一个方案，称其为是自己曾经画过的"最美的设计"。花园由建在草地上的精确的绿墙创造的一系列几何的"花园房间"组成，一个大的卵形对着一个小一些的圆，中间是相距3m依次排列的几何形 一个三角形、一个正方形、一个五边形、一个六边形、一个七边形和一个八边形，这些几何形的边长相等，都是10m，当边数增加时，形状也就扩展了。每个几何形墙的高度都不一样，从人的视线到3倍于人的尺度。这些"房间"可以容纳不同的功能，有的放雕塑，有的是水。这样，当游人从这些不同形状的"房间"中穿过时，整个空间

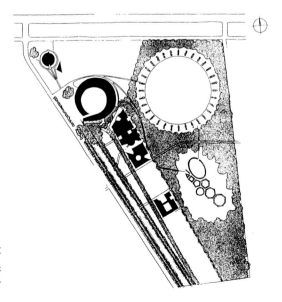

1983年在Herning的艺术博物馆中再现了索伦森的音乐花园，总体环境由安德松设计

的构图就能被体验——那就是音乐的——是曲线和直线的变奏。可惜这一方案没有被市议会接受。后来索伦森不得不修改方案。好在1956年他有机会在Herning市的一个衬衫厂再现了这个设计，花园是为工人提供的愉快室外空间。由于基地稍小，在这里减去了八边形的房间，山毛榉绿篱取代了原来音乐花园中爬满蔓藤的石墙。今天这个作品已不完整，1983年在Herning的艺术博物馆中，在索伦森的女儿的协助下，重新建造了这一作品，其总体环境由安德松设计。

索伦森一生过着平静的生活，很少接触丹麦之外的景观设计专业人士。但是他的设计和理论对斯堪的那维亚国家有相当大的影响，并通过学生安德松（Sven-Ingvar Andersson 1927~）和马汀松（Gunnar Martinsson 1924~）等人，影响到欧洲其他国家。1993年为纪念索伦森诞辰100周年，丹麦皇家美术学院出版了由安德松和时任学院系主任的赫耶（Steen Hoyer）合作的《索伦森——园林艺术家》（C.Th.S ørensen-en Havekunstner）一书。

### 7.2.3 安德松(Sven-Ingvar Andersson 1927~)

安德松1927年出生于瑞典南部的Södre Sandby，在一个农场中长大，童年生活在一个充满艺术的氛围里，母亲是一个出色的园艺师。1954年安德松毕业于瑞典Alnarp大学景观设计专业，后来在Lund大学学习了艺术史和植物学，1959~1963年成为哥本哈根皇家美术学院景观设计系主任索伦森的助教，期间受到索伦森教授的很大影响。1963~1994年安德松任该系的系主任，1963年在哥本哈根建立景观设计事务所。

安德松像

安德松认为景观设计是视觉艺术的一个组成部分，设计最基本的事情就是确定一个空间，这种空间是人们能够很好地使用的空间，是一个舞台，而不是一种布景。安德松的作品并不着眼于细致的、表面化的效果，而是利用

多样化的植物品种、建筑材料、精心塑造的地形和对绿篱的熟练运用，创造出纯净而又丰富的空间。花园每一次的体验都会有新的感受。

安德松也欣赏极简主义，他的设计保持着非常简单的形式，这种形式语言又与植物有着密切的关系。安德松认为设计是植物与空间的对话，植物的生长需要空间的简洁性。在设计中，安德松经常使用卵形，他认为卵形是优美的形，它的张力有着特殊的吸引力。从功能的角度来分析，卵形是一种实用的形状，非常有利于便捷的活动，同时卵形与植物有关，是适合种植物的理想的形状。

安德松的作品结合了丹麦的文化、艺术和环境特点，形式清晰简洁、接近自然，空间满足各种使用需要。要达到这种境界并非易事，尽管这样的景观有效地改善着我们的生活质量，但是在这里，许多人，特别是斯堪的那维亚以外的人会认为一切都太平和了，缺少震撼力，甚至看不出作品背后设计师付出的大量心血。

安德松完成了众多的作品，其中不少是私家花园。60年代建造的位于瑞典Södre Sandby的Marna's have花园是他的私家花园，这里曾经是他多年的设计实验场地。设计展示了他对花园的理想：向天空开放的、能够满足综合性的使用要求的、清晰界定的绿色空间。安德松创造了一种"篱墙"的景观，绿篱墙高度局

安德松在瑞典Södre Sandby
的私家花园 Marna's have

安德松在瑞典Södre Sandby
的私家花园 Marna's have

部达到4m，形成一个有感召力的结构，构成便于接近和利用的场地和开放或幽闭的空间，具有墙体和隧道的效果。安德松把修剪的绿篱作为受约束的形，未修剪的绿篱作为自然的形而形成精细地对比。精心塑造的艺术性空间，提供了能够进行多种家庭活动的场地，从野餐区域到小花圃区域等等，并且能够适应新的功能的需要。

安德松设计的1967年加拿大
蒙特利尔国际博览会环境

海尔辛堡市港口广场入口喷泉

海尔辛堡市港口广场的金属环状喷泉

海尔辛堡市港口广场上的花岗岩矮墙、座椅和花钵

安德松公共项目的代表作有1993建成的海尔辛堡（Helsingborg）市港口广场和1995建成的哥本哈根Sankt Hans Torv广场。

像许多欧洲的港口城市一样，海尔辛堡（Helsingborg）的港口在几年前搬离了城市历史文化的中心地区，为城市提供了新的公共空间。在这片区域中，安德松设计了港口广场，并把区域中现有和历史的要素联系在一起，同时解决交通问题。

安德松在入口道路的两侧安排了两个圆形喷泉，给人们一种进入港口的印象。这两个喷泉是由回收的陶瓷加工而成，形式上明显受到高迪的启发，水从中心注入，沿蓝色陶瓷壁缓缓流下，形成一层很薄的水膜，波纹、光线和水声都在不停地变化，形成一个不停变化的场景。广场上一些花岗岩矮墙将车行与步行区域分开，在矮墙前设置一些座椅和大花钵，为人们创造了一个放松和欣赏港口的地方。在海岸边，用金属矮柱和细链保护着人行道路，形成海港的气氛。最精彩的是在海与岸之间的金属环状喷泉，水从环上分三注喷出，远远地落入

海尔辛堡市港口广场平面图

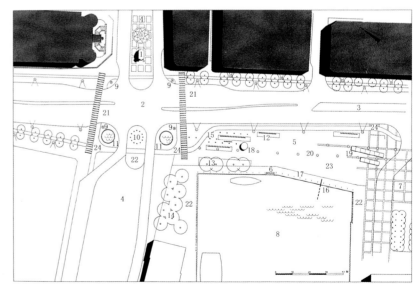

| | | |
|---|---|---|
| 1. 雕塑 | 6. 台阶 | 12. 大理石墙和坐凳 | 17. 铁链栏杆 | 22. 石铺装场地 |
| 2. 十字路口 | 7. 车站 | 13. 柳树 | 18. 售货亭 | 23. 水泥砖铺装场地 |
| 3. 分车带 | 8. 内港 | 14. 原有树木 | 19. 自行车停车处 | 24. 自行车道 |
| 4. 市镇广场 | 9. 灯柱 | 15. 旗杆 | 20. 灯柱 | |
| 5. 国王广场 | 10. 兰色马赛克喷泉 | 16. 喷泉 | 21. 斑马线 | |

园林展。任何展览都无法像联邦园林展一样为城市生态、为社会带来如此之大的永恒的效益。联邦园林展和州园林展还为景观设计师提供了展示自己的思想，展示自己对人、对社会、对自然的理解的机会，德国许多著名的景观设计师都与园林展有一定的联系，包括瓦伦丁(Otto Valentien 1879~1987)、马特恩(Hermann Mattern 1902~1971)、马汀松(Gunnar Martinsson 1924~ )、卢茨(Hans Luz 1926~ )、亚克布兄弟(Gottfried Hansjakob & Anton Hansjakob)、克鲁斯卡 (Peter Kluska)、米勒 (Wolfgang Miller )、鲍尔 (Karl Bauer 1940~ ) 等。

卡塞尔市富尔达河谷公园

卡塞尔市富尔达河谷公园

## 8.2　工业之后的景观设计

随着后工业时代的到来，德国与其他发达国家一样，经济结构发生了巨大的变化，一些传统的制造业开始衰落，留下了大片衰败的工业废弃地。1980年代后，德国通过工业废弃地的保护、改造和再利用，完成了一批对欧洲乃至世界上都产生重大影响的工程。这里介绍德国最为重要、影响最大的工业之后的景观设计项目。

### 8.2.1　国际建筑展埃姆舍公园(IBA Emscherpark)

国际建筑展埃姆舍公园位于德国鲁尔区，由西边的杜伊斯堡市到东边的贝格卡门市(Bergkamen)，长70km，从南到北约12km宽，面积达800km²，区内人口约为250万。埃姆舍河地区原为德国重要的工业基地，经过150年的工业发展，这一地区形成了以矿山开采及钢铁制造业为主要产业的工业区。纵横交错的铁路、公路、运河、高压输电线、矿山机械、高大的烟囱、堆料场等成为地区的典型景观。自20世纪60年代以来，作为主要工业的煤矿和铁矿开采，无可挽回地走向衰落、倒闭，大量质量很好的建筑也不再使用，地区人口减少，数十万个就业岗位化为乌有。经济、社会和环境问题促使当地政府必须为地区的复兴采取有效措施，即建造国际建筑展埃姆舍公园，主要内容包括：350公里长的埃姆舍河及其支流的生态再生工程，净化区域中被污染的河水，恢复河流两侧的自然景观；建造300平方公里的埃姆舍公园，改善地区的生态环境；改造现有住宅，并兴建新住宅，解决居住问题；建造各类科技、商务中心，解决就业问题；原有工业建筑的整治及重新使用等。这些项目多与景观规划设计有关，世界上许多最著名的建筑师、景观设计师都参与了项目中一些建筑与环境的规划与设计。

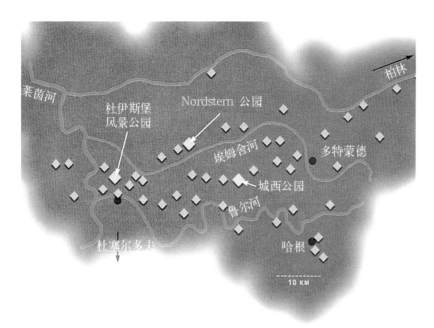

国际建筑展埃姆舍公园区域

地将旧有的工业区改建成公众休闲、娱乐的场所，并且尽可能地保留了原有的工业设施，同时又创造了独特的工业景观。这项环境与生态的整治工程，解决了这一地区由于产业的衰落带来的就业、居住和经济发展等诸多方面的难题，从而赋予旧的工业基地以新的生机，这一意义深远的实践，为世界上其他旧工业区的改造树立了典范。在埃姆舍公园中有众多景观独特的公园，其中1997年格尔森基尔欣园林展公园为其中重要的公园之一，另一个重要的公园是杜伊斯堡风景公园。

由于整个地区被大量的高速公路、铁路、轻轨、污水排水渠、高压线等分隔，埃姆舍公园的规划非常复杂。当地政府希望"通过这个方案使该地区成为居住和办公区，并有就近休息的绿地，景观必须是生态的、功能的、美观的，要看得出来工业历史的痕迹，要有休憩和运动场。"

处于核心地位的埃姆舍公园，把这片广大区域中的城市、工厂及其他单独的部分有机地联系起来，同时为整个区域建立起新的城市建筑及景观上的秩序，成为周围城市群及250万居民的绿肺，园中有人行小径和自行车道系统。埃姆舍公园的最大特色是巧妙

### 8.2.2 杜伊斯堡风景公园(Landschaftspark Duisburg Nord)

由德国慕尼黑工大教授、景观设计师彼得·拉茨(Peter Latz 1939~)设计的杜伊斯堡风景公园是埃姆舍公园中最引人注目的组成部分之一。面积200hm²的杜伊斯堡风景公园是拉茨的代表作品之一。公园坐落于杜伊斯堡市北部，这里曾经是有百年历史的A.G.Tyssen钢铁厂，尽管这座钢铁厂历史上曾辉煌一时，但它却无法抗拒产业的衰落，于1985年关闭了，无数的老工业厂房和构筑物很快淹没于野草之中。1989年，政府决定将工厂改造为公园，成为埃姆舍公园的组成部分。拉茨的事务所赢得了国际竞赛的一等奖，并承担设计任务。从1990年起，拉茨与夫人——景观设计师A.拉茨领导的小组开始规划设计工作，经过数年努力，1994年公园部分建成开放。

规划之初，小组面临的最关键问题是这些工厂遗留下来的东西，像庞大的建筑和货棚、矿渣堆、烟囱、鼓风炉、铁路、桥梁、沉淀池、水渠、起重机等等能否真正成为公园建造的基础，如果答案是肯定的，又怎样使这些已经无用的构筑物融入今天的生活和公园的景观之中。拉茨的设计思想理性而清晰，他要用生态的手段处理这片破碎的地

国际建筑展埃姆舍公园中由Danielzik & Leuchter景观设计事务所与建筑师合作设计的波鸿市城西公园(Stadtpakr West)中的景观

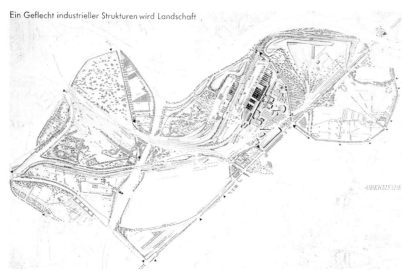

Ein Geflecht industrieller Strukturen wird Landschaft

杜伊斯堡风景公园平面图

段。首先，上述工厂中的构筑物都予以保留，部分构筑物被赋予了新的使用功能。高炉等工业设施可以让游人安全地攀登、眺望，废弃的高架铁路可改造成为公园中的游步道，并被处理为大地艺术的作品，工厂中的一些铁架可成为攀援植物的支架，高高的混凝土墙体可成为攀岩训练场……公园的处理方法不是努力掩饰这些破碎的景观，而是寻求对这些旧有的景观结构和要素的重新解释。设计也从未掩饰历史，任何地方都让人们去看、去感受历史，建筑及工程构筑物都作为

杜伊斯堡风景公园中高炉的蓝色部分是可以攀登的

155

杜伊斯堡风景公园中炉渣铺装的林荫广场

杜伊斯堡风景公园中由高架铁路改造的步行系统

杜伊斯堡风景公园中原有的料仓变成不同主题的小花园，料仓上是步行道

工业时代的纪念物保留下来，它们不再是丑陋难看的废墟，而是如同风景园中的点景物，供人们欣赏。其次，工厂中的植被均得以保留，荒草也任其自由生长，工厂中原有的废弃材料也得到尽可能地利用。红砖磨碎后可以用作红色混凝土的部分材料，厂区堆积的焦碳、矿渣可成为一些植物生长的介质或地面面层的材料，工厂遗留的大型铁板可成为广场的铺装材料……第三，水可以循环利用，污水被处理，雨水被收集，引至工厂中原有的冷却槽和沉淀池，经澄清过滤后，流入埃姆舍河。拉茨最大限度地保留了工厂的历史信息，利用原有的"废料"塑造公园的景观，从而最大限度地减少了对新材料的需求，减少了对生产材料所需的能源的索取。在一个理性的框架体系中，拉茨将上述要素分成四个景观层：以水渠和储水池构成的水园、散步道系统、使用区以及铁路公园结合高架步道。这些景观层自成系统，各自独立而连续地存在，只在某些特定点上用一

杜伊斯堡风景公园中的高墙成为登山爱好者的训练场

些要素如坡道、台阶、平台和花园将它们连接起来，获得视觉、功能、象征上的联系。

由于原有工厂设施复杂而庞大，为方便游人的使用与游览，公园用不同的色彩为不同的区域作了明确的标识：红色代表土地，灰色和锈色区域表示禁止进入的区域，蓝色表示为开放区。公园以大量不同的方式提供了娱乐、体育和文化设施。

独特的设计思想为杜伊斯堡风景公园带来颇具震撼力的景观，在绿色成荫和原有钢铁厂设备的背景中，摇滚乐队在炉渣堆上的露天剧场中高歌，游客在高炉上眺望，登山爱好者在混凝土墙体上攀登，市民在庞大的煤气罐改造成的游泳馆内锻炼娱乐，儿童在铁架与墙体间游戏，夜晚，五光十色的灯光将巨大的工业设备映照得如同节日的游乐场⋯⋯我们从公园今天的生机与十年前厂区的破败景象对比中，感受到杜伊斯堡风景公园的魅力，他启发人们对公园的含义与作用重新思考。

### 8.2.3 萨尔布吕肯市港口岛公园（Bürgpark Hafeninsel）

拉茨的另一重要作品是位于萨尔布吕肯市（Saarbrücken）的港口岛公园，在那里拉茨也是用生态的思想，对废弃的材料进行再利用，处理这块遭到重创而衰退的地区。

1985 至 1989 年间，在萨尔布吕肯市的萨尔（Saar）河畔，一处以前用作煤炭运输码头的场地上，拉茨规划建造了对当时德国城市公园普遍采用的风景式的设计手法进行挑战的公园——港口岛公园。公园建成后立即引起广泛的争议，一些人热情洋溢地赞扬拉茨对当代新园林艺术形式所做出的探索和贡献；另一些人则坚决反对，认为那是垃圾美学，认为公园在材料、形式及表现手法上都非常混乱。实际上拉茨的思想清晰坚定，他反对用以前那种田园牧歌式的园林形式来描绘自然的设计思想，他将注意力转到了日常生活中自然的价值，认为

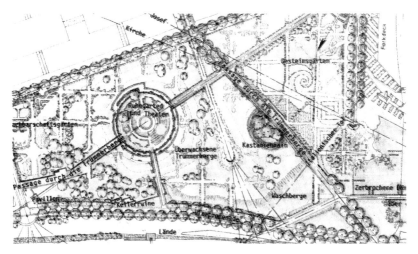

港口岛公园平面图

港口岛公园中废弃碎石构成的方格网

港口岛公园中建筑废料构筑的小径

157

港口岛公园中新建的设施从材料和色彩上与原有建筑废料明显地区分开来

自然是要改善日常生活，而不只是仅为改变一块土地的贫瘠与荒凉。

港口岛公园面积约9hm²，接近市中心。二战时期这里的煤炭运输码头遭到了破坏，除了一些装载设备保留了下来，码头几乎变成一片废墟瓦砾。直到一座高速公路桥计划在附近穿过，港口岛做为桥北端桥墩的落脚点，人们才将注意力转到了这块野草蔓生的地区。拉茨采取了对场地最小干预的设计方法。他考虑了码头废墟、城市结构、基地上的植被等因素，首先对区域进行了"景观结构设计"。在解释自己的规划意图时，拉茨写道："在城市中心区，将建立一种新的结构，它将重构破碎的城市片段，联系它的各个部分，并且力求揭示被瓦砾所掩盖的历史，结果是城市开放空间的结构设计。"

拉茨用废墟中的碎石，在公园中构建了一个方格网，作为公园的骨架。他认为这样可唤起人们对19世纪城市历史面貌片段的回忆。这些方格网又把基址分割出一块块小花园，展现不同的景观构成。

港口岛公园中下沉露天剧场花园

港口岛公园中水汇集后由水渠跌落而下，再进行净化处理

原有码头上重要的遗迹均得到保留，工业的废墟，如建筑、仓库、高架铁路等等都经过处理，得到很好地利用。公园同样考虑了生态的因素，相当一部分建筑材料利用了战争中留下的碎石瓦砾，并成为花园的不可分割的组成部分，它们与各种植物交融在一起。园中的地表水被收集，通过一系列净化处理后得到循环利用。新建的部分多以红砖构筑，与原有瓦砾形成鲜明对比，具有很强的识别性。在这里，参观者可以看到属于过去的和现在的不同地段，纯花园的景色和艺术构筑物巧妙地交织在一起。港口岛公园获得1989年德国景观规划设计师学会奖。

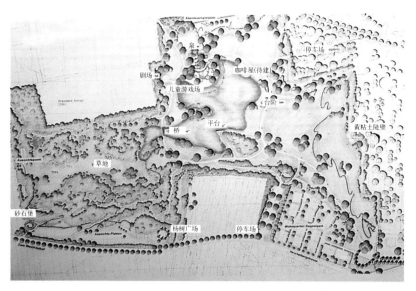

砖瓦厂公园平面图

### 8.2.4 海尔布隆市砖瓦厂公园（Ziegeleipark）

1995年，德国巴登－符腾堡州重要的工业与商贸城市海尔布隆市(Heilbronn)在原来的砖瓦厂废弃地上，建成了一座对如何处理工业废弃地影响重大的公园——砖瓦厂公园，设计者德国景观设计师、建筑师卡尔·鲍尔（karl Bauer 1940～）也因此于1995年获得了德国景观规划设计奖。

海尔布隆市(Heilbronn)有12万居民，波金根(Boeckingen)是城市的一个区，有2.2万人口，建筑密度很大，密集的交通线穿过这个区，城市的火车调车场也位于区中。在砖瓦厂公园落成前，这里的城市绿地只是一些运动场或树林构成的绿岛，基本没有公园和开放的绿地。

区中的砖瓦厂由于债务原因，在开采了100余年的黄粘土后，于1983年倒闭了。城市在1985年购得了这片近15hm²的工业废弃地，目标是将它变成一个公园。1989年举办了设计竞赛，鲍尔获一等奖，景观设计师施托策（Jörg Stötzer）获二等奖。1990年设计项目进行委托。鲍尔负责总体规划及公园东部的设计，施托策完成公园西部的设计。1995年5月举行了落成典礼。

从生态的角度上看，地段是非常有价值的。工厂停产至建园前7年的闲置期，基地的

生态状况已经大为好转，一些昆虫和鸟类又回到这里栖息，有些还是稀有的、面临灭绝的生物物种。这一点也证明，在人类影响的地区，通过自然保护，地区也可以变得很有价值。

鲍尔面临的中心问题是：工业废弃地不应是衰败、丑陋的象征，在工业废弃地上如何建造一个新的景观，树立新的生态和美学的价值，形成新的有承载力的结构，承受区域人们休闲需要的压力，同时不破坏7年闲置期所形成的生物多样性与生态平衡。

鲍尔决定建立一个不同公园类型的混合的形式，有为市民运动与体育锻炼的部分，有保

砖瓦厂公园中用原砖厂废弃的石材砌筑的挡土墙

护原有砖瓦厂历史痕迹的区域，有波金根湖。在这些人工景观的区域旁，有野草与其他植物自生自灭的区域。

鲍尔从对基地的特征的分析中得出设计的概念，这些概念谨慎地从属于基地的特点。他的目标是对地形地貌最小地干预，基地上的植被和特点都保留下来，并且经过设计手段，部分进一步地得到强化。除了自然的变化外，对历史、黄土坑以及上百年的砖厂的回忆并没有完全排斥，他把生态的和视觉的特点都保留下来。设计中不试图把砖瓦厂与景观的矛盾加以掩饰，而是将两者联系成一个新的生态的综合体，成为一个吸引人的生活空间。以往砖瓦厂的痕迹，正是公园的个性，砖瓦厂的废弃材料部分得到再利用，砾石作为道路的基层或挡土墙的材料，或成为使土壤渗水的添加剂，石材可以砌成干墙，旧铁路的铁轨作为路缘，所有这些旧物在利用中获得了一个崭新的表现。

公园中重要的标志之一是一个大约15m高的砖厂取土留下的黄粘土陡壁，在工厂停产后的闲置时期，这里出人意料地成了多种生物栖息的场所。1991年这片黄粘土陡壁成了自然保护地。鲍尔在土壁前设计了50m宽的绿地，成

为一个遗迹与生态的保护区，使生物与景观的多样性得到严格保护。保护区外围有一条由砖厂废弃石料砌筑的弯弯曲曲的挡土墙，把保护区与郁郁葱葱的公园分割开来。

原有的砖瓦厂地貌也没有改变，公园的中心是一个1.2hm²的湖面，这里是园中最吸引人的地区。湖岸以不同的方式来建造，有自然式的，草地直接进入水中，有人工的，也有沙滩，有戏水广场、活动草坪，湖西岸种植大量湿生和水生植物。鲍尔在湖边设计了一座桥，他认为，作为风景式园林就必须有桥。还设计了一个船头状的水边平台。湖水发源于戏水广场后的小山上。风景式园林中也少不了点景物，在这里，园外的古老的水塔在设计中有意识地组织到公园的视景线中，成为公园很多视角的借景。公园的西部由景观设计师施托策设计，以自然植物景观为主，有杨树广场、砂石堡。从公园最西端的眺望点，视线穿越长长的谷地，一直可通往湖面。

把砖瓦厂公园与旧照片对照，可清楚地看到公园的成就。80年代时这里还是砖厂，破旧的工业建筑，现在是受到不同阶层人的喜爱的动人的自然景观和市民公园。

砖瓦厂公园中的土壁、水面、平台和城市中的水塔

### 8.3.2 马汀松 (Gunnar Martinsson 1924~)

马汀松是把斯堪的那维亚国家景观设计的思想和理论引入德国的最重要的人物之一。他于1924年出生于瑞典的斯德哥尔摩，曾在那里学习园艺，后来有机会在德国斯图加特的瓦伦丁(Otto Valentien 1879~1987)事务所实习。然后又在斯德哥尔摩市的海么林(S.Hermlin)事务所工作，1958~1960年在斯德哥尔摩艺术学院学习建筑，1957年建立了自己的事务所，并很快取得了一些影响。1963年他在汉堡举办的国际园艺博览会上设计了瑞典园林，这是一个住宅花园，其中一个庭院在住宅的中心，另外一个庭院为花园。住宅有大片玻璃窗，两个庭院视线上可以互相贯通。花园中布置着一系列由绿篱修剪成的高低、大小不同的立方体，形成形状不一、大小不同、功能各异的连续空间，从住宅室内看花园，绿篱层层叠叠、视线非常深远。这个小花园产生了相当大的影响，德国的同行也通过它了解了马汀松。1965年马汀松来到德国卡尔斯鲁厄大学建筑系新成立的景观与园林研究室工作，直到1991年以后他才返回瑞典。

马汀松认为斯堪的那维亚国家的景观设计师布兰德特和索伦森是对自己影响最大的两位

1963年马汀松在汉堡国际园艺博览会上设计的瑞典园林

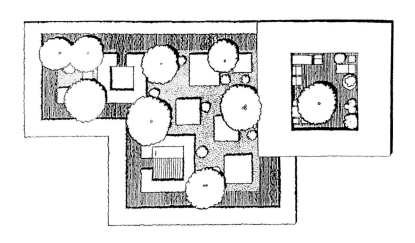

1963年马汀松在汉堡国际园艺博览会上设计的瑞典园林平面图

马汀松的卡尔斯鲁厄 Weinbrenner 广场设计透视图

马汀松在汉堡国际园艺博览会上的瑞典园林设计透视图

马汀松设计的卡尔斯鲁厄某
银行庭院

马汀松设计的德国 Rastatt 宫殿花园

学者,从他们那里他学到了简单、清晰的结构、
丰富的空间,特别是修剪的绿篱划分空间的手
法。他还用极具个性的透视图来构思、表达设
计。透视图每一根线条都准确无误,从图上可
以看出他的设计充满斯堪的那维亚设计的特
点,简洁、结构清晰、空间明确。他常用修剪
的绿篱或墙体来分隔空间。绿篱与自然生长的
植物形成强烈的对比,建筑的直线又被植物的
自然生长所软化。

马汀松在德国做了大量的设计,同时又培
养了一批设计人才。通过教学和设计,他成为
德国70~80年代影响很大的景观设计师,享有
崇高的荣誉,1983年获得景观设计界的重要奖
励——斯开尔奖(Friedrich-Ludwig-von-
Sckell-Ehrenring)。

马汀松设计的德国 Rastatt 宫殿花园

马汀松设计的德国 Emmendingen 精神病学中心花园

马汀松设计的卡尔斯鲁厄某学校环境

### 8.3.3 卢茨 (Hans Luz 1926~)

卢茨像

卢茨1926年出生于一个园林世家。在二战后德国的大学教育受到严重的损害，教育非常不健全，但家庭背景使卢茨有机会进行专业的学习和训练。他随从著名的景观设计师哈克（Adolf Haag 1903~1966）学习园艺，与马汀松一样，他也跟随瓦伦丁学习景观设计与制图。瓦伦丁曾在柏林学习园艺，1929年建立了设计事务所，并且在斯图加特接任卢茨的父亲卡尔·卢茨（karl Luz）在斯图加特园林规划与实施部门中的职位。瓦伦丁完成大量的设计项目，成为德国战后著名的设计师，对德国景观设计领域有不小的影响，许多设计师出自他的门下。

卢茨30岁时建立了事务所，在随后的年代里迅速成长，连续赢得设计竞赛，1975年成为斯图加特大学荣誉教授，1977年获得斯开尔奖，1977年及1987年获德国景观规划设计师学会奖（BDLA-Preis），1993年获得德国景观规划设计奖(Deutscher Landschaftsarchitektur-Preis)，确立了在德国景观规划设计界的地位。

在40年的职业生涯中，卢茨在不同的领域完成众多的项目。他早期的作品大多是建筑的外环境设计，平面严谨，植物多样。后来作品逐渐灵活，但都与使用功能紧密联系。

斯图加特绿地系统是卢茨最有影响的作品之一。卢茨的职业生涯一直与斯图加特市的发展联系在一起，他呼吁任何合作者、规划师、决策者不要忘记，城市中要有园林的位置，植物对城市形象、气候和生活非常重要。卢茨认为斯图加特并没有什么值得骄傲的资本，无历史老城，无大教堂，也无郊外森林，相反，斯图加特特有的山谷环境对于城市非常不利，斯图加特必须改善自身的不利因素。1993年通过国际园艺博览会在斯图加特举办的机会，利用新建的公园，卢茨把城市原有的分散绿地连成一个环绕城市东、北、西的长 8km 的 U 形绿环，并把市中心通过绿地与这条绿环联系起来，彻

卢茨设计的景观

卢茨设计的斯图加特某建筑的庭院

底改善了城市的环境。

　　埃特林根市(Ettlingen)公园是卢茨的另一个重要作品，这个公园是1988年巴登－符腾堡州园林展展园的一部分，园林下是地下停车场，周围与城市相连。卢茨的设计将乔木种植在公园外围，中心是微微起伏的草地和水池，一些紫杉绿篱围合成不同用途的亲切的小空间。地下车库的出入口经过了精心的设计，出口与入口分开布置，使得出入口不至于过大，而道路又弯曲，司机必须减速行驶，同时眼前又不会始终是一个入口黑洞，入口处植物生长郁郁葱葱，常春藤爬满墙壁。

斯图加特 U 型绿环中的景观

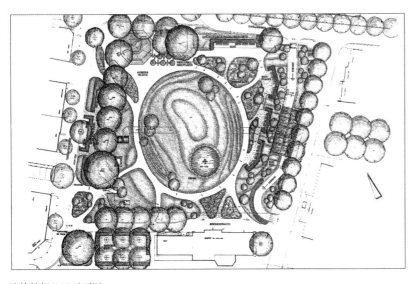

埃特林根公园平面图

埃特林根公园

### 8.3.4 拉茨(Peter Latz 1939~)

拉茨像，手中照片为拉茨在卡塞尔市的住宅

拉茨1939年出生于德国达姆斯塔特，在作为建筑师的父亲的影响下，他对建筑产生浓厚的兴趣，也获得了许多重要的专业知识和技能。1964年拉茨毕业于慕尼黑工大景观设计专业，然后在亚琛工大继续学习城市规划和景观设计。1968年建立了自己的设计事务所，并在卡塞尔大学任教，在那里，他有机会与很多工程师、艺术家和建筑师合作，接触不同的行业、学习不同的技术。他们探讨的问题包括屋顶花园、水处理、太阳能利用等，并且积极地把研究的理论付诸实施。这些研究与合作使他受益匪浅，对他以后的事业发展和在景观设计中始终贯彻技术和生态的思想产生了深远的影响。

1983年拉茨在卡塞尔市建造了自己的住宅，这是一处以利用太阳能为主的生态住宅，在当时并不多见，这一住宅赢得了相关的建筑奖。后来他移居慕尼黑附近，在那里他又为自己的家和事务所建造了类似的住宅。拉茨从建造住宅的过程中学到许多相关的知识，这种体验对于他的景观设计实践也非常重要。

前面提到的港口岛公园和杜伊斯堡风景公园是拉茨设计的两个重要作品。拉茨认为，景观设计师不应过多地干涉一块地段，而是要着

重处理一些重要的地段，让其他广阔地区自由发展。景观设计师处理的是景观变化和保护的问题，要尽可能地利用在特定环境中看上去自然的要素或已存在的要素，要不断地体察景观与园林文化的方方面面，总结它的思想源泉，从中寻求景观设计的最佳解决途径。

拉茨非常欣赏密斯·凡·德·罗的建筑，特别是密斯建筑中"少"与"多"的关系。他常常在景观设计中利用最简单的结构体系，如在港口岛公园中，他用格网建立了简单的景观结构。他认为港口岛的这一结构体系是非常自然的，就像在大地上已经存在的一样。形式和格网在拉茨的许多规划设计中扮演了重要角色。

拉茨认为，技术、艺术、建筑、景观是紧密联系的。例如，技术能产生很好的结构，这种结构具有出色的表现力，成为一种艺术品。杜伊斯堡风景公园中的铁路公园就是由工程师设计的。拉茨在设计中，始终尝试运用各种艺术语言。如在杜伊斯堡风景公园中由铁板铺成"金属广场"明显受到了极简主义艺术家安德拉（Carl Andre 1935~）的影响，他在法国Tours附近设计的国际园林展花园中也能看到极简主义艺术语言的影子。杜伊斯堡风景公园中地形的塑造，工厂

中的构筑物，甚至是废料等堆积物都如同大地艺术的作品。事实上，在国际建筑展埃姆舍公园中，景观与艺术的结合非常紧密。拉茨的作品从很多方面是难以用传统园林概念来评价的，他的园林是生态的又是与艺术完美融合的，他在寻求场地、空间的塑造中，利用了大量的艺术语言，他的作品与建筑、生态和艺术是密不可分的。

由于他的成就，拉茨获得了1989年德国景观规划设计师学会奖。

慕尼黑附近拉茨的住宅花园中用废弃的材料砌筑的围墙

港口岛公园

杜伊斯堡风景公园利用原有的建筑和循环水系统建造的水园

杜伊斯堡风景公园利用原有的料仓和废弃物构筑的小花园

极简艺术家安德拉 1982 年在德国卡塞尔第 7 届文献展
（Dokumenta）上的极简艺术作品 Steel Peneplein

杜伊斯堡风景公园中由铁板铺成的"金属广场"

拉茨在法国 Tours 附近设计的国际园林展花园

观设计思想。

### 8.3.5 鲍尔(karl Bauer 1940~)

鲍尔1940年出生于德国巴登-符腾堡州的普福尔茨海姆(Pforzheim)，1969年毕业于卡尔斯鲁厄大学建筑系，然后在学校景观设计研究室马汀松教授手下作助教，1970年建立了自己的事务所。他有许多方案是与马汀松教授合作完成的。他们合作的路德维希港市(Ludwigshafen)步行街曾获得1981年德国景观规划设计学会奖。在与马汀松教授一起工作的时期，鲍尔开始学习景观设计，马汀松教授是对他职业影响最大的人之一，因此斯堪的那维亚国家的景观设计理论也是鲍尔最早接触的景

鲍尔认为对他影响大的人还有设计师勒·诺特、莱内(Lenné)和索伦森，建筑师路易斯·康(Louis Kahn 1901~1974)和埃尔曼(Egon Eiermann 1904~1970)等人。埃尔曼是德国著名的建筑师，在建筑设计的同时也完成一些景观设计的作品，1958年布鲁塞尔世界博览会德国馆是他的代表作。多重的教育背景使得鲍尔不仅具有良好的建筑学基础，同时也有良好的古典园林的修养，并深得斯堪的那维亚景观设计的真谛，这是他事业成功的关键。作为建筑师和景观设计师，鲍尔不仅能做大尺度的规划，也可以完成小尺度的设计，具备了建筑设

鲍尔像

计、城市设计到景观设计的多方面的能力。鲍尔非常注重细部的设计，具有出色的细部能力，我们从他的景观设计作品的节点、细部和材料运用中都能深深地感受到这些。

鲍尔完成了为数众多的设计，除前面提到的海尔布隆市砖瓦厂公园外，卡尔斯鲁厄市"西南建筑联合公司"屋顶花园设计也是被人乐道的一个作品。为了保证乔木生长必须的土层厚度，鲍尔在地下停车场屋顶设计了5个椭圆形大树池，树池布局非常灵活，在纯净的草地上飘逸轻盈。每个树池中种植13棵同种的乔木，但是不同的树池中乔木的种类又不同，在规整中又展示了变化多端的季相景观。

鲍尔的设计不追求时髦的材料与手法，他认为，景观设计应该与建筑或艺术一样，有简单而明确的表达，只有这样，才能设计成统一的作品。他欣赏瑞士提契诺的建筑师斯诺奇（L.Snozzi）的一句话，"每一个变化都意味着破坏，请理智地破坏"。鲍尔认为，为了未来，应该尽量少地人工建造，如果必须如此，也要在生态上、方案中及细节上非常谨慎地考虑，对

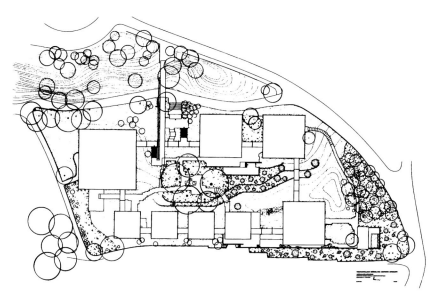

埃尔曼设计的1958年布鲁塞尔世界博览会德国馆平面图

基地最小干预的思想始终贯穿在他的设计之中。

鲍尔1981年获得了德国景观规划设计师学会（BDLA）奖、1995年获德国景观规划设计奖。

德国是现代运动重要的发源地，日耳曼民族非常严谨务实，重视理性、秩序与实效，没有欧洲拉丁民族的奔放与洒脱。在纳粹统治时期，独裁政府推行新古典主义和历史折衷主义艺术，因此，战后德国民众对古典风格非常厌恶，艺术思潮很快转入战前主要形成于德国的

埃尔曼设计的1958年布鲁塞尔世界博览会德国馆

海尔布隆市砖瓦厂公园中水边的船形平台

现代主义。另外，德国又是世界上最具有生态意识的国家，国民非常热衷于环保，德国的生态政策在世界上也是首屈一指的。德国的景观设计大多追求良好的使用功能、经济性和生态效益，重视园艺水准和建造工艺，并不特别追求象征性和前卫性，不追求时髦的材料和表现手法。正是这种追求，使得德国的景观设计虽未产生轰轰烈烈的影响，或是引人注目的视觉效果，但却是脚踏实地地改善着城市的生态环境，保护着国家的历史，同时为大众提供了最为实用和理想的户外活动场所。

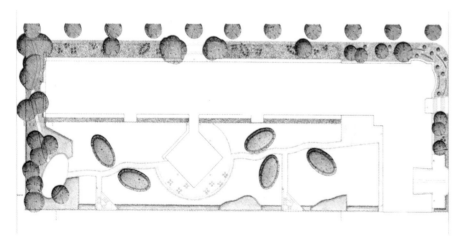

卡尔斯鲁厄市"西南建筑联合公司"屋顶花园平面图

卡尔斯鲁厄市"西南建筑联合公司"屋顶花园

卡尔斯鲁厄市
"西南建筑联合
公司"屋顶花园

# 9 现代雕塑对景观设计的影响

在西方历史上，雕塑与园林有着密切的关系，雕塑一直作为园林中的装饰物而存在，如意大利文艺复兴园林和法国勒·诺特式园林中都是如此，即使到了现代社会，这一传统依然保留。与现代雕塑相比，现代绘画由于自身的线条、块面和色彩似乎很容易被转化为设计平面图中的一些要素，因而在现代主义的初期，便对景观设计的发展产生了重要的影响，追求创新的景观设计师们已从现代绘画中获得了无穷的灵感。而现代雕塑对景观设计产生实质的影响作用，则是它自身的某些派别朝特定的方向发展后才产生的。

首先是走向抽象，这是最关键的一步。具象的人或物的形象引起人注意的是其形体本身，很难演变为景观中空间要素的一部分。早期的现代雕塑家布朗库西和亨利·摩尔的努力正是从具象到抽象的第一步。应该看到，即便如此，摩尔的雕塑在唐纳德设计的花园中，仍然扮演的是装饰物的角色。

其次是要走出画廊，在室外的土地上进行创作。这里并不是指简单地将博物馆中的作品搬到室外，这样做不过是恢复了雕塑的本来意义而已，也不仅仅是指为某个室外的环境创作特定的雕塑，使雕塑成为环境中和谐的一分子，更重要的是指那些在自然的土地上进行创作，将自然环境构成为作品不可分割的一部分的艺术品，这样的雕塑与环境之间才有了真正密切的联系。

然后是扩大尺度。无论是在喧嚣的城市还是在渺无人烟的旷野，为了能和大尺度的建筑和无边的原野相衬，雕塑的尺度不可避免地扩大、再扩大，直至达到了人能进入的尺度，成为能用身体体验空间的室外构造物，而不仅仅是用目光欣赏的单纯的艺术品。

再有就是使用自然的材料，特别是自然界的一些未经雕琢的原始材料。虽然自然界的岩石、黏土和木材都是传统的雕塑材料，但工业社会带来的物质材料的极大丰富使它们已处在了不显眼的位置上。在自然的环境中使用岩石、泥土、树枝、青草、树叶、水、冰等自然材料来创作雕塑，会显得更为和谐和统一。有的时候，自然界的各种现象和力量，如刮风、闪电、侵蚀等，也成为一些大地艺术作品的一个重要组成部分。

当一些雕塑朝着这样一个方向发展时，与景观作品相比较，无论是工作的对象、使用的材料和空间的尺度等方面都没有太大的区别，这两种艺术的融合也就自然而然地产生了。

20世纪60年代的西方艺术界，雕塑的内涵和外延都已相当地扩展，雕塑与其他艺术形式之间的差异已经模糊，特别是在景观设计的领域里。建筑师、景观设计师和城市规划师逐步认识到，大尺度的雕塑构成会给新的城市建筑和园林方案提供一个很合适的装饰，雕塑家也就有越来越多的机会为新的城市广场和公园，提供一些供人欣赏的重点作品。从老一辈的大师摩尔、考尔德、野口勇，到新一代的"极简艺术"雕塑家，他们采用大尺度的雕塑作品，控制城市局部区域的景观，以此参与城市景观空间的创作，一些雕塑家更是直接涉足景观设计的领域，用雕塑的语言来进行景观设计，如野口勇。

## 9.1 雕塑结合景观的设计

### 9.1.1 野口勇 (Isamu Noguchi 1904~1988)

野口勇像

较早尝试将雕塑与环境设计相结合的人，是艺术家野口勇。野口勇在现代雕塑史上是一位国际性人物。他的母亲是美国的作家和翻译家，父亲是位日本诗人，在大学任英语教授，出版过关于日本艺术的专著，对日本和西方的文化交流做出了贡献。然而他在洛杉矶出生的那年父亲又回到了日本，两年后当母亲带着他去日本寻找父亲的时候，父亲已经结婚。此后野口勇跟随母亲在日本长大，13岁时独自回到了美国。他曾跟随美国的学院派现实主义雕塑家博格勒姆（G.Borglum）作学徒，不过博格勒姆却认为他永远不会成为一个雕塑家。他也曾经试图放弃艺术，去哥伦比亚大学学习医学预科，但最终还是回到了艺术的道路上，并在纽约的一所艺术学校学习，20岁时在学校举办了一次个人作品展。

1927年，野口勇获得了古根海姆奖学金，访问了中东和巴黎，并在布朗库西的工作室作了几个月的助手。布朗库西对大洋洲和非洲的雕塑的关注不亚于对西方古典艺术的研究，他不仅教授野口勇石雕的技巧，还启发他对空间和自然的理解。布朗库西对野口勇以后的雕塑风格的形成有着重要的影响，并且激发了他用岩石做雕塑的兴趣。同时，野口勇还研究了毕加索和构成主义艺术家，以及贾科梅蒂（A. Giacometti）和考尔德（Alexander Carlder 1898~1976）等人的作品，并从中吸取了营养。

回到纽约以后，野口勇将自己的一些作品

出售，将获得的钱用来旅行和学习。他到了巴黎，然后又去了中国和日本。他在北京住了8个月，跟随著名国画家齐白石学习中国画，作了大量的习作。在日本，他跟著名的陶艺家学习陶艺。他对日本园林产生了兴趣，尤其是感受到寺庙园林的沙砾和石组、苔藓和灌木、水面和树木，有一种难以表述的美丽。这次访问对

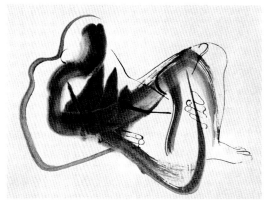

野口勇的中国画习作

野口勇设计的儿童游戏场模型

野口勇与路易斯·康合作设计的纽约河滨公园的游戏场方案模型

他的一生产生了持续而深刻的影响。

回到美国，野口勇创作了许多雕塑，举办了多次展览。1933年，他受到启发，发现塑造室外的土地也是雕塑的一种可能的途径。他设想在纽约的一个街区建造一座混凝土的游戏山，有各种尺度的台阶，一个夏天用的水滑梯和一个冬天滑雪橇的长滑道，游戏山的地下可以是建筑，遗憾的是这个方案被纽约市公园管理委员会否决了。但是野口勇对于设计游戏场的兴趣一直没有放弃，后来又做了许多游戏场的方案，包括与建筑师路易斯·康合作的纽约河滨公园的游戏场方案，把地表塑造成各种各样的三维雕塑，如金字塔、圆锥、陡坎、斜坡等，结合布置小溪、水池、滑梯、攀登架、游戏室等设施，为孩子们创造了一个自由、快乐的世界。他的思想抛开了传统的操场的形式，将大地本身建造成高低起伏供人玩耍的设施。他还设计了一些新颖的游戏器械，也留下了一些作品。野口勇的思想对后来的儿童游戏场的设计产生了很大的影响。

第二次世界大战给野口勇带来了痛苦，尤其是原子弹的爆炸，让他对世界感到失望，同时，艺术界的现实也令他沮丧。为了从人为的世界中暂时解脱出来，也为了考虑雕塑发展的一些问题，他暂停了工作，申请到了布林根（Bollingon）基金，开始了又一次的寻找艺术的旅程。从欧洲、中东到亚洲，他用绘画和摄影来记录。途中，他邂逅了世界上一些最优秀的景观遗产，如意大利的花园、巴塞罗那高迪设计的公园、希腊和埃及的古代神庙以及日本的寺庙园林。旅行的终点是日本，这是一个命运的回归，他在日本建立了自己的工作室。

1951年，野口勇被邀请为广岛的和平公园做一些设计，由此产生了通向公园的两座桥，一座唤起初升的太阳，叫做"建设"，另一座象征着船，名为"出发"。

1956年，在建筑师布劳耶的推荐下，野口勇被任命负责巴黎联合国教科文组织

日本广岛和平公园中名为"出发"的桥

（UNESCO）总部庭院的设计。这个0.2hm²的庭院是一个用土、石、水、木塑造的地面景观，分为两个部分，上层的石平台，有坐凳和圆石块，下层布置了植物、水池、石板桥、卵石滩、铺装和草地。这个园林中有明显的日本园林的要素，如耙过的沙地上布置的石块，水中的汀步等，一些石头是特意从日本运来的。设计工作持续了两年，其中相当一部分时间野口勇留在日本，寻找合适的石材。今天，庭院已经因树木长得太大而不易辨认了，但是树冠底下起伏的地平面的抽象形式，仍然揭示了艺术家将庭院作为雕塑的想法。

1956至1957年间，野口勇与SOM事务所合作，参与了康涅狄格州人寿保险公司总部（Connecticut General Life Insurance Company）的环境设计。这是野口勇在美国实现的第一个景观设计作品，是与建筑师、景观设计师紧密合作产生的优秀设计。它包括了四个内庭、一个广场和大面积的自然景观，使用了草地、砾石、树木、地被植物、修剪的绿篱、平静的水池和自然的小湖面等要素。在湖对岸的缓坡草地上，矗立着野口勇创作的名为"家庭"的一组石雕。

耶鲁大学贝尼克珍藏书图书馆（Beinecke Rare Book and Manuscript Library）的下

巴黎联合国教科文组织总部庭院

巴黎联合国教科文组织总部庭院

沉式大理石庭院，只能俯视或透过阅览室的落地玻璃窗观赏。野口勇用立方体、金字塔和圆环分别象征着机遇、地球和太阳，几何形体和地面全部采用与建筑外墙一致的磨光白色大理石，整个庭院浑然一体，成为一个统一的雕塑，充满神秘的超现实主义的气氛。

1964 年，野口勇为查斯·曼哈顿银行（Chase Manhattan Bank）设计了一个圆形的下沉庭院。这个庭院显然是日本枯山水庭院的新版本。黑色的石头是专门从日本精心挑选而

康涅狄格州人寿保险公司总部环境

耶鲁大学贝尼克珍藏书图书馆的下沉式大理石庭院

查斯·曼哈顿银行的下沉庭院

来的,石头下面的地面隆起成一个个小圆丘,花岗岩铺装成环状花纹和波浪曲线,好象耙过的沙地。夏天时,喷泉喷出细细的水柱,庭院里覆盖着薄薄一层水,散布的石峰仿佛是大海中的几座孤岛。野口勇将其称之为"我的龙安寺",龙安寺是日本京都最著名的枯山水园林。

1972年开始历时7年才建成的底特律的哈特广场(Hart Plaza),是对野口勇场地规划和景观设计能力的考验。哈特广场位于新市政中心,一边是底特律河,另一面能看到著名的文艺复兴中心。起初,市政委员会所要求的仅是设计一个喷泉。野口勇提出了喷泉的方案,并提出关于邻近广场方案的意见。得到接受后,他承担了整个3hm²场地的设计。广场的入口矗立着36m高的不锈钢标志塔,地下餐厅和下沉的露天剧场的上面是宽阔的绿地和铺装的区域。环形的喷泉高出圆形花岗岩水池7m,像一个炸面包圈用两根成对角线的支柱支撑。计算机程序控制的喷泉表现出无穷变幻的水景,从飘渺的雾景到巨大轰响的水柱。它与抛光的不锈钢和铝质材料组成光的交响画面,赋予哈特广场一种技术和太空时代的隐喻,对于一个制造了飞机和火箭、代表美国当代工业性格的城市,显得恰如其分。正如野口勇所说,在这里"一台机器成了一首诗"。不过,也有人批评这个设计铺装面积过大,空间过于空旷而缺少丰富的变化,不知是否因为雕塑家第一次处理如此大尺度的公共空间而有些难以把握的缘故。

底特律的哈特广场平面图

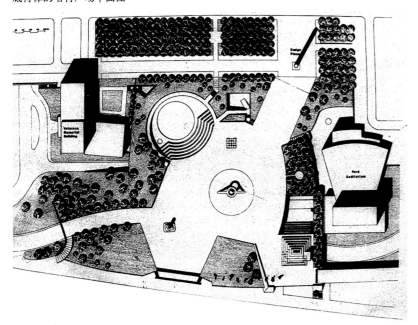

底特律的哈特广场

底特律的哈特广场水景

    1983年野口勇在加州设计了一个名为"加州剧本"（California Scenario）的位于高大的玻璃办公塔楼底部的庭院。在这个平坦的基本方形的基地上，野口勇布置了一个叫做"利马豆的精神"的雕塑和一个名为"能量喷泉"的圆锥形喷水，象征公司创始人的奋斗精神；一个覆盖着沙子、砾石和仙人掌植物的隆起的"沙漠地"；松树环绕的"森林道"；一条在铺装地面时隐时现的小溪和作为水的源头和结束的三角锥和三角墙的雕塑。这个设计把一系列规则和不规则的形状以一种看似任意的方式置于平面上，以一定的叙述性唤起人们的反应。

    同时期设计的位于洛杉矶的日美文化交流中心广场（Japanese-American Cultural and Community Center Plaza），0.4hm$^2$大的红砖铺砌的广场很协调地成为一组雕塑的一个背

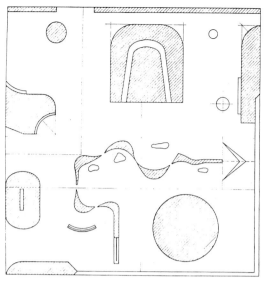

"加州剧本"平面图

"加州剧本"

"加州剧本"

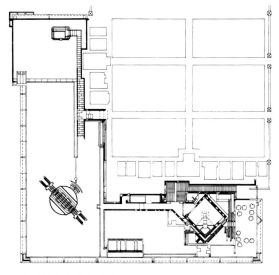

布里昂家庭墓地平面图

布里昂家庭墓地中布里昂夫妇的石棺

布里昂家庭墓地的水池与平台

秘符号和联想。斯卡帕成功地唤起了死后生命的感觉，通过一系列萦绕神魂的"事件"，体现了天主教的信仰。方法是现代的，情绪是古老的，内容是永恒的。

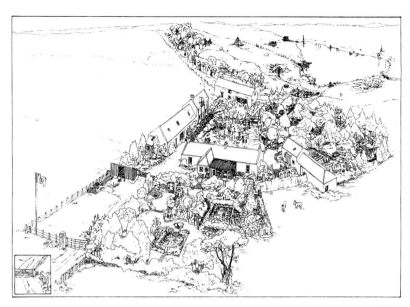

小斯巴达透视图

芬莱像

小斯巴达（Little Sparta）是苏格兰艺术家芬莱（Ian Hamilton Finlay 1925~）于1967年开始建造的，位于爱丁堡西部沼泽地上的一个精美的富有诗意的花园。花园占地约1.5hm²，充满了具有象征意义的雕塑物和有隐含意义的铭文。芬莱同时也是位诗人，他通过将诗、格言和引用文刻在花园里把自己的理解和看法加于景观之中，参观者可以通过阅读雕刻的铭文来理解花园的景观，这一点倒与中国园林中的匾额题咏有些类似。花园是沿着一座小型农庄布置的，农庄中的建筑沿着一个水池松散地布置，建筑的南边是

小斯巴达中破碎的石板及石上 Saint-Just 的名言

小斯巴达中的雕塑和铭文

小斯巴达中的池塘和水边的雕塑

小斯巴达水边的雕塑

小斯巴达水边的柱头

一组半规则式的花园，东面是一片树林，北面是三个池塘，远处是沼泽地和农田。参观者穿过农庄简朴的大门，走过苏格兰广袤原野上的小路，才来到花园的门口，然后穿过前庭花园，来到水塘和树林，最后是开阔的原野和小湖。芬莱借鉴了古典花园艺术和一些风景绘画上的景物，一些地方采用了新古典主义的创作手法，如散落在花园中的完整或残缺的古典柱式、方尖碑、托架和头像。在湖边放置着破碎的 11 块石板，上面雕刻着法国革命家

Saint-Just的一句名言。这个花园是一个可读的景观,体现了文学和艺术的主题,以及景观和雕塑的结合。

1986~1987年塔哈设计的新泽西州Trenton市环境保护局庭院绿亩园(Green Acres)

女艺术家塔哈(Athena Tacha 1936~)20多年来一直从事"特定场地的建筑性雕塑"的创作,产生了独特的室外雕塑与景观结合的作品。塔哈出生于希腊,小时候就显示出绘画和雕塑的天赋。1954年开始在美国攻读景观设计硕士学位,1961年在巴黎攻读艺术史博士学位,学成后赴美,从事雕塑创作,1969年加入美国籍。从70年代开始,她逐渐完成一些景观设计项目。她的灵感来自于大海退潮后在沙滩上留下的层层波纹,丘陵地区典型的农业景观——梯田,海边岩石上贝壳的沉积,鸟类的羽毛,以及自然界中各种层叠的天然物。因此,她的作品大多基于各种形式的复杂台地,曲线的、直线的、折线的、层层叠叠,形成有趣的和独一无二的硬质景观。80年代,塔哈在俄亥俄州克利夫兰市凯斯威斯顿大学(Case-Western Reserve University)设计了一个叫做"结合"的红褐色花岗岩台地雕塑。分别平行于两条道路的台地的两个部分以一定的角度相交,一半有跌落的泉水,一半是旱地,成为戏水和休息的场所。如它的名称所暗示的,水

塔哈设计的俄亥俄州克利夫兰市凯斯威斯顿大学中的雕塑"结合"

1975~1976年塔哈设计的俄亥俄州奥伯林市(Oberlin)马丁·路德·金公园中的"溪流"(Streams)

台阶和旱台地的结合不仅对应于周围道路的轴线，而且还象征着学校历史上的两次合并。

## 9.2 大地艺术

### 9.2.1 大地艺术的产生

20世纪60年代，西方社会被日益增多的冲突所撕裂，艺术界也出现了新的震荡，现代主义的统治地位产生动摇，新的思想不断涌现，概念艺术、过程艺术、极简艺术等成为艺术界的新动向。

极简艺术（Minimal Art）开始于绘画，后来主要在雕塑方面形成自己的全部特征。1965年，英国哲学家渥尔海姆（R.Wollheim）用这个称谓来描述那种为了达到美学效果而竭力地减少艺术内容的当代艺术品。这个词立刻被艺术评论家们用作概括当时在美国出现的那种特别简单的雕塑的标签。也有人将这些作品称为"初级结构"（Primary Structure）——来源于一次展览的名称。

极简主义（Minimalism）是一种以简洁几何形体为基本艺术语言的雕塑运动，是一种非具象、非情感的艺术，主张艺术是"无个性的呈现"，以极为单一简洁的几何形体或数个单一形体的连续重复构成作品。极简艺术是对原始结构形式的回归，回到最基本的形式、秩序和结构中去，这些要素与空间有很强的联系。大多数的极简艺术作品运用几何的或有机的形式，使用新的综合材料，具有强烈的工业色彩。著名的极简艺术雕塑家有卡罗（Anthony Caro 1924 ~ ）、金（P.King 1934 ~ ）、贾德（Donald Judd 1928 ~ 1994）等等。这些人的思想和作品不仅促进了大地艺术的产生，而且影响了二战后新一代的景观规划设计师如彼得·沃克(参见11.3)。

20世纪60至70年代，许多极简主义雕塑的纪念性的尺度，不可避免地引出一个给特定空间或特定场所搞雕塑设计的概念。一些艺术家，特别是极简雕塑家开始走出画廊和社会，来到遥远的牧场和荒漠，创造出一种巨大的超人尺度的雕塑——大地艺术（Land Art或Earthworks）。1968年，纽约的艺术家海泽（Michael Heizer）、史密森（Robert Smithson）和德·玛利亚（Walter de Maria）在跨越南加州和内华达州的沙漠地区创作了一系列大地作品，并在德万画廊展出。他们希望在渺无人烟的荒漠能够呼吸到自然界隔绝的空气来帮助恢复现代艺术的先锋作用。大地艺术远离商业社会，重视古代的神秘性和象征性，这种想法最初可能受到古代遗留下来的神秘的废墟的启发，如英格兰索尔兹伯里平原上的史前巨石阵、埃及人和玛雅人的金字塔、中国的长城、柬埔寨的吴哥窟。大地艺术试图努力把人们重新燃起的挽救环境和挽救历史遗产的热情加以正式化。

大地艺术在北美和欧洲的表现不尽相同，美国艺术家大多在旷野上创作具有纪念性尺度的作品，而欧洲倾向于小尺度的、运用自然材料的、强调自然过程的作品。大地艺术继承了极简艺术的抽象、简约和秩序，但与极简艺术追求无精神的客观性不同的是，大地艺术有其内在的浪漫色彩。在大地艺术作品中，雕塑不是放置在景观里，艺术家运用土地、岩石、水、树木和其他材料以及自然力等来塑造、改变已有的景观空间，雕塑与景观紧密融合，不分你我，以至于目前许多景观设计的作品也同时被认为是大地艺术。

*1964年贾德的雕塑"无题"*

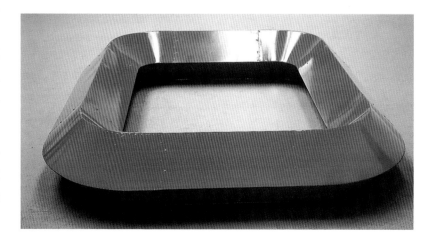

史密森的大地艺术作品
"螺旋形防波堤"

### 9.2.2 为艺术的大地艺术作品

早期的大地艺术作品往往置于远离文明的地方，如沙漠、滩涂或峡谷中。1970年，美国艺术家史密森（Robert Smithson 1938~1973）的"螺旋形防波堤"（Spiral Jetty）含有对古代艺术图腾的遥远向往。这是一个在犹他州大盐湖上用推土机推出的458m长，直径50m的螺旋形石堤，湖水因微生物而变为红色，堤顶邻水的部分留下了盐的沉积物。根据传说，这个漩涡是湖底一条与大西洋相连的地下通道产生出来的。今天，因为湖面上升淹没

德·玛利亚的大地艺术作品
"闪电的原野"

了它人们再也看不到了，但是当初人们参观它的时候，多少带有朝圣旅行的性质，因为它是那么遥远，又实在极难找到。人们的第一印象它不是一件新的美术作品，而是一件极古老的作品，似乎这个强加在湖上的巨型"岩石雕刻"是自古以来就在那里的。作品的藐视博物馆的尺度也并非单纯的夸张，而是作品的必要成分。后来史密森继续他的螺旋形和堤的创作，1971年在荷兰完成了"破碎的圆"。1973年他在得克萨斯勘察现场时，不幸因飞机失事而去世。

1977年，艺术家德·玛利亚（Walter de Maria 1935~）在新墨西哥州一个荒无人烟而多雷电的山谷中，以67×67m的方格网在地面插了400根不锈钢杆，形成一张巨大的钉床。随太阳光线的变化，这些"光箭"时隐时现。从理论上来说，每根钢杆都能充当一根避雷针，在暴风雨来临时，形成奇异的光、电、声效果。虽然实际上击中它们的次数很少，但是雪亮的箭一样的钢杆配合着云、雨、雪、冰雹和奔泻的阳光，烘托出这里雄伟的风景。这件名为"闪电的原野"的作品赞颂了自然现象的令人敬畏的力量和雄奇瑰丽的效果。

著名的"包扎大师"克里斯多（Jaracheff Christo 1935~）在长达40年的时间里，一直致力于把一些建筑和自然物包裹起来，改变大地的景观，作品既新颖又气势恢弘。1970~1972年他用橙色的巨型尼龙制成跨越科罗拉多峡谷、高80~130m、长417m的"峡谷瀑布"。在1972~1976年制作的"流动的围篱"，是一条长达48km的白布长墙，越过山峦和谷地，透迤起伏，最后消失在旧金山的海湾中。长墙起伏跌宕，像一幅优美的图画或是中国的万里长城，虽然作品只存在了两个星期，但人们不得不承认，它的美是惊人的，其神秘感也令人着迷。

大多数大地艺术地处偏僻的田野和荒原，很少一部分人能够亲临现场体会它的魅力，而

克里斯多的大地艺术作品
"流动的围篱"

时，乘客能看见这个富于动感的地标，引起诸多的遐想，亦增强对慕尼黑的美好印象。

从根本上说，大地艺术家似乎意在重申大自然及其力量的完整统一。大地艺术既可以借助自然的变化，也能改变自然。它利用现有的场所，通过给它们加入各种各样的人造物和临时构筑物，完全改变了它们的特征，并为人们提供了体验和理解他们原本熟悉的平凡无趣的空间的不同的方式。

大地艺术与同一时期发展起来的环境保护和生态主义的思想有某些内在的联系。尽管大地艺术是在特定的环境中加入艺术的手段，但是许多大地艺术作品都蕴涵着一些生态主义的思想，遵循生态主义的原则。如追求对环境最小的侵扰，选用自然材料，即使是使用非自然材料、尺度又巨大的克里斯多的包扎作品，也是临时的，短期展示后便会拆除，不会给当地造成生态的破坏。很多大地艺术品是非持久的，伴随着自然力的作用，作品呈现动态的过程，甚至逐渐消失，体现了自然的发展过程。因

且有些作品因其超大的尺度只有在飞机上才能看到全貌，因此，大部分人是通过照片、录像来了解这些艺术品的。在一个高度世俗化的现代社会，当大地艺术将一种原始的自然和宗教式的神秘与纯净展现在人们面前时，大多数人多多少少感到一种心灵的震颤和净化，它迫使人们重新思考人与自然的关系这样一个永恒的问题。

当然也有不少振奋人心的作品并非远离人境、难以接近。1994～1995 年，德国画家霍德里德（Wilhelm Holderied）和雕塑家施拉米格（Karl Schlamminger）由于飞机起降的瞬间产生的灵感，在新建成的慕尼黑机场附近塑造了大地艺术作品 "时间之岛"（Eine Insel für die Zeit）。这是一个 300 × 400m 的在大地上犁出的图案，像田间的耕地，像东方园林中的砂纹，像儿童堆积的沙丘，更像是大地上的音符。当飞机腾空飞向蓝天，或是缓缓滑翔降落地面

霍德里德施拉米格的大地艺术作品 "时间之岛"

此，许多大地艺术作品表现出转瞬即逝或不断变化的特点。

大地艺术最本质的特征是将自然作为作品的重要要素，形成与自然共生的结构。与极简艺术相似，大地艺术多运用简单和原始的形式，它强调与自然的沟通，通过给特定的场所加入艺术的手段而创造出精神化的场所，富于浪漫主义的色彩。

"大理石园"

"土丘"

### 9.2.3　景观中的大地艺术

大地艺术产生之初，艺术家追求的是通过远离世俗社会为艺术创作带来纯净的土壤。但是当这一形式获得极大成功和认可后，它又回到了世俗社会，逐渐成为改善人类生活环境的一种有效的艺术手段，在景观设计领域获得极大的发展，成为让人愉悦的公共艺术品。大地艺术的作品也并非只由少数雕塑家完成，不少设计师在景观设计时也运用大地艺术的手法，许多作品往往是景观师和艺术家合作完成的，这也更促进了两种艺术的融合和双方的发展。

其实早在50年代，就有一批艺术家和设计师从各个角度尝试雕塑与环境设计的结合，产生了最初的一些大地艺术作品，比较典型的是拜耶和克拉默的作品。

与野口勇同代的艺术家拜耶（Herbert Bayer 1900~1987）也同样致力于环境作品的创作。拜耶生于奥地利，1921年来到魏玛的包豪斯学习，后留校任教，负责印刷设计系的工作，在绘画、摄影、平面设计方面有特殊的才能。1938年拜耶来到美国，1946年作为建筑师、设计师在科罗拉多州的亚斯本市（Aspen）发展公司工作。1955年，拜耶为亚斯本草原旅馆设计了两个环境作品，"大理石园"（Marble Garden）和"土丘"（Earth Mound）。大理石园是在废弃的采石场上矗立的可以穿越的雕塑群，在11×11m的平台上布置了高低错落的几何形状的白色大理石板和石块，组成有趣的空间关系，中间还有一个活跃的喷泉。土丘是一个土地作品，直径12m的圆形土坝内是下沉的草地，布置了一个圆形的小土丘和圆形的土坑，以及一块粗糙的岩石。这个作品对年轻一代大地艺术家海泽和史密森等人产生了影响。

1959年，在瑞士苏黎世的园林展上，瑞士景观设计师克拉默（Ernst Cramer 1898~1980）设计了一个名为"诗人的花园"（Poet's Garden）的展园，草地金字塔和圆锥有韵律

克拉默像

进行的城市更新的一部分。旧的火车北站因铁路移至地下而失去了原来的作用，被改建为一系列新的功能，如公共汽车总站、警察局、就业培训中心以及作为奥运会乒乓球比赛场地的一个体育设施。公园建在原来铁轨占用的土地上，由建筑师阿瑞欧拉(Andreu Arriola Modorell)和费欧尔(Carme Fiol Costa)与来自纽约的女艺术家派帕(Beverly Pepper 1924~)合作设计，通过三件大尺度的大地艺术作品为城市创造了一个艺术化的空间。一是形成入口的两个种着植物的斜坡；二是名为"落下的天空"的盘桓在草地上的如巨龙般的曲面雕塑；三是沙地上点缀着放射状树木的一个下沉式的螺旋线——"树林螺旋"，既可作为露天剧场，又是休息座凳。三件作品均采用从白色、浅蓝色到深蓝色的不规则的釉面陶片作装饰，在光线的照射下形成色彩斑斓的流动图案，让人联想到高迪或米罗的作品。设计师用最简单的内容成功地解决了基地与城市网格的矛盾，创造了不同的空间，提供了公园的各种功能，成为当代城市设计中艺术与实用结合的成功范例。

20世纪90年代，荷兰景观设计师高伊策(Adriaan Geuze 1960~)领导的West 8景观设计事务所承担了荷兰东斯尔德(Oosterschelde)围堰旁人工沙丘的设计。由于一条公路穿行于围堰之上，因此设计充分考虑了人在汽车上高速行驶时的景观感受，并增强地区的生态效应。基地原有的乱沙堆平整后，上面用当地渔业废弃的深色和白色的贝壳相间，铺成3cm厚的色彩反差强烈的几何图案，图案与大海的曲线也形成对比。不同色彩的贝壳吸引着不同种类的鸟类在此为巢栖息。原来废弃地上遗留下来的工厂建筑、码头和乱沙堆变成为在深浅不同的贝壳上，飞翔栖居着各种鸟类的充满生机的景观。设计采用规整的几何形式，并以生态原则为基础。像众多的大地艺术作品一样，通过自然力的作用，若干年后，薄薄的贝壳层会消失，这片区域最终将成为沙丘地(参见11.6)。

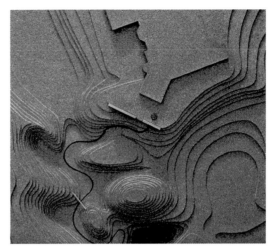

马萨诸塞州威尔斯利的少年儿童发展研究所的儿童治疗花园模型照片

马萨诸塞州威尔斯利的少年儿童发展研究所的儿童治疗花园平台上的溢泉

马萨诸塞州威尔斯利的少年儿童发展研究所的儿童治疗花园中石墙外的不锈钢水口

马萨诸塞州威尔斯利的少年儿童发展研究所的儿童治疗花园中蜿蜒的钢床小溪

大地艺术对景观设计的一个重要影响是带来了艺术化地形设计的观念。在此之前，西方景观设计的地形处理一般无外乎两种方式：由文艺复兴园林和法国勒·诺特园林发展而来的建筑化的台地式，或由英国风景园传统发展而来的对自然的模仿和提炼加工的形式。

然而大地艺术的出现令人振奋。它以土地为素材，用完全人工化、主观化的艺术形式改变了大地原有的面貌。这种改变并不如先前有人所想像的丑陋生硬或与环境格格不入，相反，它在融于环境的同时也恰当地表现了自我，带来视觉和精神上的冲击。这一现象令景观设计师受到启发和鼓舞：原来大地可以这样改变！于是，随着大地艺术的被接受和受推崇，艺术化的地形设计越来越多地体现在了景观设计中。

艺术化的地形不仅可以创造出如大地艺术般宏伟壮丽的景观，也可以塑造亲切感人的空间。位于美国马萨诸塞州威尔斯利(Wellesley)的少年儿童发展研究所的儿童治疗花园(Therapeutic Garden for Children)是一个用来治疗儿童由于精神创伤引起的行为异常的花园，由瑞德(Douglas Reed)景观事务所和查尔德集团(Child Associates)共同设计。孩子们可以在此玩耍，并和医师一起通过感受美好环境进行治疗。花园的目的就是

通过患儿与这个专门设计的景观的相互作用使孩子能体察到自己内心的最深处。0.4hm$^2$的基地上现有的橡树和山毛榉为设计创造了条件，穿过基地的原为溪流的一块低洼的草地为设计师提供了灵感，于是花园被设计成一组被一条小溪侵蚀的微缩地表形态：安全隐蔽的沟壑，树木葱郁的高原，可以攀爬的山丘，隔绝的岛屿，吸引冒险者的陡缓不一的山坡，有无穷乐趣的池塘，以及可以追逐嬉戏的开阔的林地。贯穿全园的20cm宽的钢床溪流，源自诊所游戏室外平台上的深色大理石盆，水自盆的边缘溢出，消失在平台的地下，然后又在平台边石墙外的不锈钢水口出现，流入小溪。由于植被和地表形态错落不齐，从一处根本无法欣赏花园的全貌，所以促使孩子们在花园中各处活动，以发现不同的空间区域。

英国著名的建筑评论家詹克斯的位于苏格兰西南部Dumfriesshire的私家花园也是一个极富浪漫色彩的作品，这个花园以深奥玄妙的设计思想和艺术化的地形处理而著称。

60年代末，詹克斯(Charles Jencks 1939~)第一个在建筑中定义了"后现代主义"。随后，他一直不断通过文章和著作宣告或预言新的建筑风格的出现。1995年，詹克斯又出版了新著《跃迁的宇宙的建筑》(The Architecture of the Jumping Universe)，从更大范围的科学领域来探讨未来的建筑学，并且提出了一个新的口号："形式追随宇宙观"。詹克斯的夫人克斯维科(Maggie Keswick)是著名的园林设计师和园林历史学家，她于1978年出版的《中国园林——历史、艺术与建筑》(The Chinese Garden: History, Art and Architecture)一书，是西方研究中国古典园林为数不多的权威性专著之一。1990年，他们利用私家花园的设计与建造，不仅为"形式追随宇宙观"作了形象的注释，而且体现了其对中国风水思想的理解。

詹克斯夫妇在设计中采用了许多曲线，它们来自自然界的一些动物。波浪线是花园中占

詹克斯的花园中波动的地形

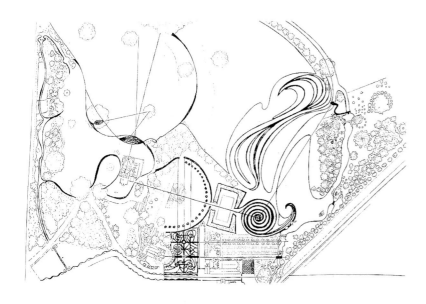

位于苏格兰 Dumfriesshire
的詹克斯的私家花园平面图

詹克斯的花园中的
"对称断裂平台"

詹克斯的花园中的桥

它既限制了园外人的进入，又不阻碍园内的视域。它由 Charles Bridgeman 在园林 Twickenham 中首用）蜿蜒在花园中，两种颜色的石块在立面构成斜向的条纹，仿佛地质变迁中形成的断裂的岩层，一直可延续到草地下面的地之深处。这使得整个 Ha Ha 不仅在水平方向，而且在垂直方向都像是一条扭动的巨龙。位于 Ha Ha 的凹入处的"对称断裂平台"（Symmetry Break Terrace）上有草地的条纹图案，代表着自宇宙产生以来的四种"跃迁"：能量、物质、生命和意识。花园中还规划了一系列小园，有一些带有中国园林的趣味。

安巴茨设计的美国的 Leo Castelli 住宅模型

1983 年安巴茨的建筑设计

主导地位的母题，土地、水和其他园林要素都在波动，詹克斯甚至将这个花园称为"波动的景观"。整个花园景观最富戏剧性效果的是一座绿草茵茵的小山和一个池塘。这里曾经是一块沼泽地，克斯维科改造了地形，并从附近的小河引来了活水，创造了良好的景观环境，也改善了这块地的风水。绿草覆盖的螺旋状小山和反转扭曲的土丘构成花园视觉的基调，水面随地形而弯曲，形成两个半月形的池塘，两个水面合起来恰似一只蝴蝶。蝴蝶是詹克斯所喜欢的自然界中不断自我改变的象征。

由两种当地石块筑成的"巨龙 Ha Ha"（Giant Dragon Ha Ha，Ha Ha 是 18 世纪英国风景园中常用的作为园林边界的一条深沟，

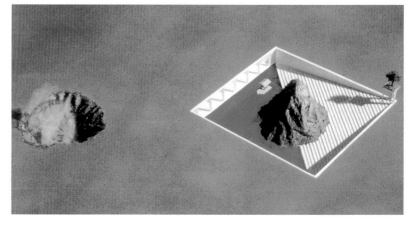

詹克斯和克斯维科的花园，不仅表达了詹氏在《跃迁的宇宙的建筑》中提到的诸如波动、折曲、叠合、自组、生态等多种体现了詹克斯"形式追随宇宙观"的观点，而且也创造了富有诗意的独特的视觉效果，是詹克斯和克斯维科的形态生成理论、混沌理论、宇源建筑和风水堪舆思想的综合体现。

阿根廷建筑师安巴茨（Emilio Ambasz 1943～）在当代建筑界是一个有影响的人物，他的实验性建筑研究作品就显示了一个建筑、景观、大地艺术和生态主义思想的综合，虽然很少有机会实现，但是其内含的丰富的建筑思想仍然获得了行业的充分肯定。他非常欣赏墨西哥建筑师和景观设计师巴拉甘的作品，并受到很大影响。

不可否认，大地艺术是从雕塑发展而来的，但与雕塑不同的是，大地艺术与环境结合更加紧密，是雕塑与景观设计的交叉艺术。大地艺术的叙述性、象征性、人造与自然的关系，以及表现出的自然的神秘，都在当代景观规划设计的发展中起到了不可忽略的作用，促进了现代景观规划设计在这一个方向的延伸。

### 9.2.4 大地艺术与废弃地的更新

大地艺术家们最初选择创作的环境时，偏爱荒无人烟的旷野、滩涂和戈壁，以远离人境来达到人类和自然的灵魂的沟通。后来他们发现，除此之外，那些因被人类生产生活破坏而遭遗弃的土地也是合适的场所，这些地方所显现出来的文明离去后的孤寂荒凉的气氛和给人的强烈深沉的感受与大地艺术的主题十分贴切。随着废弃地成为大地艺术家创作的舞台，人们惊喜地发现，这种利用实际上给双方带来了利益。大地艺术作品对于废弃的土地并非毫无实用价值：一方面，它对环境的微小干预并不影响这块土地的生态恢复过程；另一方面，在遭破坏的土地的漫长的生态恢复过程中，它以艺术的主题提升了景观的质量，改善了环境

普里迪克和弗雷瑟与建筑师及艺术家合作设计的格尔森基尔欣 Nordstern 公园

德国艺术家 Herman Prigann 在科特布斯露天矿坑边的大地艺术作品

的视觉价值。因此大地艺术也成为各种废弃地更新、恢复、再利用的有效手段之一。

大地艺术家史密森主张一种有助于恢复被人类破坏了的自然秩序的景观艺术，他在1970年代初就提出大地艺术最好的场所是那些被工业和盲目的城市化所破坏的，或是被自然自身毁坏的场所，艺术可以成为调和生态学家和工业学家的一种资源。他认为美国有众多的矿区、废弃的采石场和污染的河流，利用这些被毁坏的场所的一个实际解决办法是——以大地艺术的方式进行土地和水的再循环利用。他曾提出利用大地艺术的手段对一些矿渣堆进行改造的方案。

20世纪90年代以后，为了使德国科特布斯附近方圆4000km²露天矿坑尽早恢复生气，这个地区不断邀请世界各国的艺术家，以巨大的废弃矿坑为背景，塑造大地艺术的作品，不少煤炭采掘设施如传送带、大型设备甚至矿工住过的临时工棚、破旧的汽车也被保留下来，成为艺术品的一部分。矿坑、废弃的设备和艺术家的大地艺术作品交融在一起，形成荒野的、浪漫的景观(见8.2.5)。

20世纪90年代德国国际建筑展埃姆舍公园中，有关大地艺术的主题也越来越多。利用工业废弃地建造的公园，如在拉茨设计的杜伊斯堡风景公园和在普里迪克和弗雷瑟与建筑师及艺术家合作设计的格尔森基尔欣 Nordstern 公园中地形的塑造、工厂中的构筑物，甚至是废料等堆积物都如同大地艺术的作品(参见8.2.1、8.2.2)。

美国景观设计师哈格里夫斯（George Hargreaves）的作品中有许多是针对各种废弃地进行的更新和利用。在科学的生态原则的指导下，他用艺术的手段建立起新的景观框架，使自然的过程在此发展（参见11.5）。

大地艺术的思想对景观设计有着深远的影响，使得景观设计的思想和手段更加丰富。大地艺术并不是景观设计的新公式，它重要的也不是给景观设计师提供一种答案，而是对景观的再思考。事实上许多景观设计师都借鉴了大地艺术的手法，他们的设计或是非常巧妙地利用各种材料与自然变化融合在一起，创造出丰富的景观空间，或是追求简单清晰的结构、质朴感人的景观，也有一些景观设计作品表现出非持久性和变化性的特征，人们在这样的景观空间中有了非同以往的体验。

# 10 生态主义与景观设计

## 10.1 《设计结合自然》与麦克哈格的景观规划思想

西方景观设计的生态主义思想可以追溯到18世纪的英国风景园，其主要原则是"自然是最好的园林设计师"。19世纪奥姆斯特德的生态思想使城市中心的大片绿地、林荫大道、充满人情味的大学校园和郊区，以及国家公园体系应运而生。1930~1940年代"斯德哥尔摩学派"的公园思想，也是美学原则、生态原则和社会理想的统一。不过，这些设计思想，多是基于一种经验主义的生态学观点之上。20世纪60年代末至70年代美国"宾西法尼亚学派"（Penn School）的兴起，为20世纪景观规划设计提供了科学量化的生态学工作方法。

这种思想的发展壮大不是偶然的。60年代，对待自然环境的转变比以往任何时候来得都快。从太空传回的图像说明了我们的地球不过是茫茫宇宙中漂浮的一颗蓝白相间的星球，我们的资源的有限是非常明显的。经济发展和城市繁荣带来了急剧增加的污染，严重的石油危机对于资本主义世界一味摄取自然资源来扩大生产的运作方式是一个沉重的打击，人类很快察觉到自己正在破坏赖以生存的自然环境。"人类的危机"、"增长的极限"敲响了人类未来的警钟，一系列保护环境的运动兴起。1970年，第一个世界"地球日"确定，人们开始考虑将自己的生活建立在对环境的尊重之上。

在美国，1965年关于自然美的国家会议将自然景观放到了国家的环境议程上。60年代期间，许多景观规划设计师对保护和加强美国自然景观的美学质量做出了显著的贡献。Philip Lewis 在20世纪60年代早期作的对威斯康辛（Wisconsin）的研究中，建立了确定环境走廊的过程，这种环境走廊包括特色景观的地区。1964年，哈普林对加州的海滨农庄住宅区（Sea Ranch）的研究，提出了在保护开放空间和自然景观的同时又允许经过规划的发展的模式。1969年，美国通过了"国家环境政策法案"，规定了大尺度工程必须提交环境影响报告。在随后的十年内，又逐渐建立了更多的环境法规，环境保护的思想和生态的意识逐渐渗透到政府和普通民众的日常工作和生活中。

1969年，宾西法尼亚大学景观规划设计和区域规划的教授麦克哈格（Ian McHarg 1920~2001）出版了《设计结合自然》（Design With Nature）一书，在西方学术界引起了很大轰动。这本书运用生态学原理，研究大自然的特征，提出创造人类生存环境的新的思想基础和工作方法，成为1970年代以来西方推崇的景观规划设计学科的里程碑著作。全书的主要内容有：以生态学的观点，从宏观和微观研究自然环境与人的关系，提出适应自然的特征来创造人的生存环境的可能性与必要性；阐明了自然演进过程，证明了人对大自然的依存关系，批判以人为中心的思想；对东西方哲学、

麦克哈格像

宗教和美学等文化进行了比较，揭示了差别的根源；提出土地利用的准则，阐明了综合社会、经济和物质环境诸要素的方法；指出城市和建筑等人造物的评价与创造，应以"适应"为准则。此书不仅在设计和规划行业中产生了巨大反响，而且也引起了公共媒体的广泛关注。

在书中，麦克哈格的视线跨越整个原野，他的注意力集中在大尺度景观和环境规划上。他将整个景观作为一个生态系统，在这个系统中，地理学、地形学、地下水层、土地利用、气候、植物、野生动物都是重要的要素；他运用了地图叠加的技术，把对各个要素的单独的分析综合成整个景观规划的依据。麦克哈格的理论是将景观规划设计提高到一个科学的高度，其客观分析和综合类化的方法代表着严格的学术原则的特点。

麦克哈格于1920年出生于苏格兰，童年的经历对他的一生产生了重大的影响。小时候，从他的家乡出发有两条畅通的道路，一条逐渐伸向城市，最后到达10英里远的格拉斯哥。那是一个工业城市，由于19世纪工业的迅速发展，城市密度很高，污染严重，整个城市被浓烟和污垢覆盖着。另一条道路则令人兴奋，沿着田野、野花、溪流深入到农村和西部的树林与岛屿。麦克哈格的童年和青春就是在目睹和深切体会这样两种截然不同的环境中度过的。后来麦克哈格在格拉斯哥艺术学院学习了二年半，了解了什么是景观设计专业。童年的经历使他希望能献身于景观设计的行业，将大自然给予自己的恩惠也给予被机器奴役的城市居民，正是这种愿望指引着他的人生道路。

第二次世界大战期间麦克哈格作为一名军官服役于英国伞兵部队。战争结束后，他来到美国，1946~1950年在哈佛大学学习，在景观规划设计和城市规划专业上都获得硕士学位。在他学习的第一年，景观规划设计与建筑学和城市规划三个系的课程是共同的。麦克哈格仍然认为自己是一名艺术家，他在哈佛大学画了

一些蛋彩和素描画，但最有意义是1950年他与几位同学合作对位于罗德角（Rhode Island）的Providence的城市商业区更新研究。

毕业后麦克哈格一家回到苏格兰，重访家乡的许多地方，看到的一切令他痛心。家乡已经变成了格拉斯哥的样子，小丘被铲平，谷地被填埋，小溪变成了暗沟，树木被砍光……原有的自然的痕迹被清一色的公寓建筑和道路所代替。人们满以为经过这些建设，可以在这里过上快乐而丰富多彩的生活，但结果却恰恰相反。身患肺结核的麦克哈格在爱丁堡市郊外一个令人沮丧的疗养所度过了半年，变得消瘦而内心焦虑痛苦。后来，他来到了瑞士阿尔卑斯山的疗养院中休养，在灿烂的阳光、鲜花盛开的果园、白雪皑皑的山岭和落英缤纷的田野的环境中，他的病情得到了很好的控制。这段经历使他深信：风景优美的环境对于精神和肉体显然都是起作用的，乡村生活对于人的健康来说要胜于城市。

麦克哈格1954年回到美国，在宾西法尼亚大学重新从事景观规划设计工作。像芒福德（Lewis Mumford 1895~1990）一样，麦克哈格对现代主义者对工程技术及其表现形式的狂热表示遗憾。他赞同像路易斯·康（Louis Kahn 1901~1974）一样的建筑师们，康对空间与光、形式与设计有着诗一般的设想，他也关注人最基本的活动需要——例如一个品茶的安静而私密的空间。麦克哈格认为康预见了生态方法在设计上的应用，康提出了"现有的——将要的"（"existence-will"）的概念，引导设计者去探索为了显现原有的基本要素，如何处理材料和基地。也是从康那里麦克哈格得出了关于形式的概念——形式不是强加的，而是演进过程的一个特定的阶段。1950年代晚期，麦克哈格和建筑师菲利普·约翰逊（Philip Johnson）合作了一个位于费城的居民区项目，在每英亩土地上安排大约20个带有庭园的房子。由于被认为密度不够，该项目未能实施，但

这些并没能阻止麦克哈格的理想，在以后的几年中他继续寻求景观的本质：使城市富有人情味，不仅是为了居住在城市的人们，而且也是为了已经逃离城市住在郊区的中产阶层家庭，离开这些人，城市很难生存下去。

实际上麦克哈格并不厌恶城市，1958年他在文章"人性化的城市——明智的人总要搬移到郊区吗？"（The Human City: Must the Man of Distinction Always Move to the Suburbs）中强调了城市和艺术的重要性。麦克哈格和芒福德有着共同的看法：城市是文明的最好体现，应该是集中的。可是，战后有许多具讽刺意味的例子：当市区许多大公司重新在远离城市的地方安家落户时，给景观设计师带来了很多机会，但同时，公司从城市的离开也导致了恶性循环，城市更加萧条，越来越多的中产阶级搬离日益恶化的城市环境。"为什么要让我们荒废丑陋的城市变为纪念碑呢？"麦克哈格提出了景观设计师新的作用：不是园艺师或是富有的郊区庄园主的咨询者，而是艺术家，"表达艺术中自然的本质，在这样做的过程中……使城市富有人情味。"在追求人类居住问题新的解决办法中，麦克哈格提出了两个有力的因素"媒体和自然科学，尤其是生态学。"

于是，从1960至1961年间，在每个星期日中午，麦克哈格都邀请一些著名的科学家、宗教领袖和知识分子作为嘉宾，进行了电视专访，讨论各种涉及环境的问题，也阐示了自己的观点、情感和梦想，通过媒体，使公众增强环境的意识。在这些电视节目中，他批驳了很多当时在西方习以为常的观点，如人已经统治了全世界和所有生灵，人类成为世界的中心等。

麦克哈格知道为了地球生物的健康，只凭直觉来做是不够的，他想得出因果关系的科学证据。20世纪50年代麦克哈格更关注在"经济决定论"（economic determinism）体系下，运用经济手段创建更加富有人情味的城市。然

# 11 70年代以来景观设计的新思潮

## 11.1 "后现代主义"与景观设计

20世纪60年代起，资本主义世界的经济发展进入了一个全盛时期，而在文化领域出现了动荡和转机。一方面，50年代出现的代表着流行文化和通俗文化的波普艺术到60年代漫延到设计领域。另一方面，进入60、70年代以来，人们对于现代化的景仰也逐渐被严峻的现实所打破，环境污染、人口爆炸、高犯罪率，人们对现代文明感到失望、失去信心。现代主义的建筑形象在流行了三、四十年后，已从新颖之物变成了陈词滥调，渐渐失去对公众的吸引力。人们对现代主义感到厌倦，希望有新的变化出现，同时，对过去美好时光的怀念成为普遍的社会心理，历史的价值，基本伦理的价值，传统文化的价值重新得到强调。

在这多种因素的作用下，建筑界有一些人开始鼓吹现代主义（Modernism）已经死亡，后现代主义（Postmodernism）时代已经到来。美国建筑师文丘里（Robert Venturi 1925~）被认为是后现代建筑理论的奠基人，1966年他发表了《建筑的复杂性与矛盾性》（Complexity and Contradiction in Architecture），成为后现代主义的宣言。文丘里认为，建筑设计要综合解决功能、技术、艺术、环境以及社会问题等等，因而建筑艺术必然是充满矛盾的和复杂的。书中批判了在美国占主流地位的所谓国际式建筑。1972年他又发表了《向拉斯维加斯学习》（Learning from Las Vegas）。英国的建筑理论家詹克斯（Charles Jencks 1939~）被认为是后现代建筑理论的主要发言人，1977年他出版了《后现代主义建筑语言》（The Language of Post-Modern Architecture），总结了后现代主义的六种类型或特征：历史主义、直接的复古主义、新地方风格、因地制宜、建筑与城市背景相和谐、隐喻和玄学及后现代空间。整个70年代，后现代主义在建筑界占据了最显要的位置，一批贴着后现代主义标签的建筑设计、室内设计和景观设计作品相继出现。

费城附近的富兰克林纪念馆

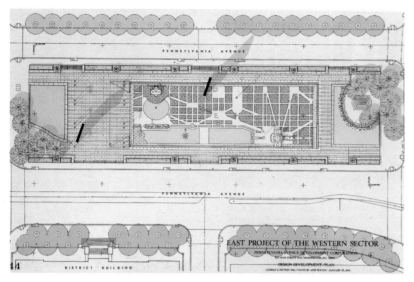

华盛顿西广场平面图

华盛顿西广场

文丘里有比较完整的设计理论，但是他的作品并没有拘泥于某种固定的风格，也从未承认自己的作品是后现代的建筑。在建筑设计的同时，他也涉及到景观的领域，如1972年设计的位于费城附近的富兰克林纪念馆。他将纪念馆主体建筑置于地下，地面上用白色的大理石在红砖铺砌的地面上标志出旧有故居建筑的平面，用不锈钢的架子勾画出故居的建筑轮廓，几个雕塑般的展示窗，保护并展示着故居的基础，设计带有符号式的隐喻，显示出旧建筑的灵魂，而且也不使环境感到拥挤。在这里文丘里造出的不是一座房子，而是用不锈钢架、展示窗、铺装、绿地、树池共同组成一个纪念性花园，唤起参观者的崇敬、仰慕和纪念之情。这个设计并没有表现出过多的后现代色彩，也许因为是文丘里的作品，又是建造于后现代最为时尚的70年代，所以不少书籍中把这一作品划入后现代之列。文丘里的另外一个重要的景观设计作品是1979年设计的华盛顿西广场，在这里，文丘里同样用铺装的图案来隐喻城市的历史格局。

建筑师查尔斯·摩尔（Charles Moore 1925～1993）1974年设计的新奥尔良市意大利广场（Plaza D'Italia）是典型的后现代作品。广场位于新奥尔良市意大利人社区的中心，广场地面吸收了附近一幢大楼的黑白线条，处理成同心圆图案，中心水池将意大利地图搬了进来。广场周围建了一组无任何功能、漆着耀眼的赭、黄、橙色的弧形墙面。罗马风格的科林斯柱式、爱奥尼柱式使用了不锈钢的柱头，五颜六色的霓虹灯勾勒了墙上的线脚，不锈钢的陶立克柱式、喷泉形成的塔斯干柱式，以及墙面上的一对摩尔本人的喷水的头像，充满了讽刺、诙谐、玩世不恭的意味。这是一个典型的后现代主义的符号拼贴的大杂烩。摩尔不仅从事设计，同时也有很高的理论水平。他对园林抱有极大的兴趣，也有很深的造诣。1987年摩尔与他人合作出版了著作《花园的诗意》(The Poetics of Gardens)，后来翻译成多种文字出版，影响广泛，书中涉及到东西方各种园林文化，反映出他对世界园林极高的研究水准。

与往常一样，建筑师在新风格的开拓上，走在了景观规划设计师的前面。建筑师的思想和作品逐渐影响了景观规划设计师，带来了一些追随者。另一方面，70年代中期，关于园林历史的学术研究达到了严格的整体。各种细节、基础理论、欧洲和美洲的传统，以及伊斯兰和东方园林的研究，在新的后现代主义时代，为设计者提供了一个日渐丰富的灵感源泉和理论范围。在后现代时期，讽刺、隐喻、诙谐、折衷主义、历史主义、非联系有序系统层都是允许的。

但是，实际上很难把某一个景观设计师列入后现代之列，即使一些设计师的某些作品有明显的后现代特征，其作品也不一定表现出单一的风格，比如后面要谈到的美国景观设计师施瓦茨（Martha Schwartz 1950~，参见11.4），同时也很难把某一景观设计作品看作是纯粹后现代的作品，即使一些作品表现出后现代的一些特点，但它们往往也有其他的特征，大都是许多复杂因素的集合。另外，关于后现代主义与现代主义的关系众说纷纭，有人认为截然不同，有人则认为后现代主义仅仅是现代主义的一个阶段。多数学者的观点是：后现代主义与现代主义既有区别又有联系，后现代主义是现代主义的继续与超越，与现代主义相比，后现代的设计应该是多元化的设计。

1992年建成的巴黎雪铁龙公园（Parc Andrè-Citroën）带有明显的后现代主义的一些特征。位于巴黎市西南角的雪铁龙公园原址是雪铁龙汽车厂的厂房，70年代工厂迁至巴黎市郊后，市政府决定在这块地段上建造公园，并于1985年组织了国际设计竞赛。公园是根据竞赛的两个一等奖的综合方案来建造的。风景师G.Clement 和建筑师P.Berger 负责公园北部的设计，它包括白色园、2个大温室、7个小温室、运动园和6个系列花园；景观设计师A.

新奥尔良市意大利广场

新奥尔良市意大利广场

217

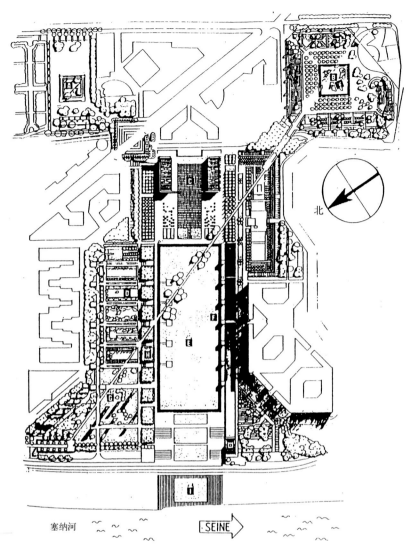

巴黎雪铁龙公园
平面图

A.白色园　B.黑色园　C.大温室及喷泉

D.小温室及系列园　E.大草坪　F.岩洞　G.运动园

巴黎雪铁龙公园中对角线方向的轴线

Provost和建筑师J.P.Viguier 及J.F.Jodry 负责公园的南部设计，它包括黑色园、中心草坪、大水渠和水渠边7个小建筑。

　　雪铁龙公园的设计体现了严谨与变化、几何与自然的结合。公园以三组建筑来组织空间，这三组建筑相互间有严谨的几何对位关系，它们共同限定了公园中心部分的空间，同时又构成了一些小的系列主题花园。第一组建筑是位于中心南部的7个混凝土立方体，设计者称之为"岩洞"，它们等距地沿水渠布置。与这些岩洞相对应的是在公园北部，中心草坪的另一侧的7个轻盈的、方形玻璃小温室，它们是公园中的第二组建筑，在雨天也可以成为游人避雨的场所。岩洞与小温室一实一虚，相互对应。第三组建筑是公园东部的两个形象一致的玻璃大温室，尽管它们体量高大，但是材料轻盈通透，比例优雅，所以并不显得特别突出。

　　公园中主要游览路是对角线方向的轴线，它把园子分为两个部分，又把园中各个主要景点，如黑色园、中心草坪、喷泉广场、系列园中的蓝色园、运动园等联系起来。这条游览路虽然是笔直的，但是在高差和空间上却变化多端，所以并不感觉单调。两个大温室，作为公园中的主体建筑，如同法国巴洛克园林中的宫殿；温室前下倾的大草坪又似巴洛克园林中宫殿前下沉式大花坛的简化；大草坪与塞纳河之间的关系让人联想起巴黎塞纳河边很多传统园林的处理手法；大水渠边的6个小建筑是文艺复兴和巴洛克园林中岩洞的抽象；系列园的跌水如同意大利文艺复兴园林中的水链；林荫路与大水渠更是直接引用了巴洛克园林造园的要素；运动园体现了英国风景园的精神；而黑色园则明显地受到日本枯山水园林的影响；6个系列花园面积一致，均为长方形。每个小园都通过一定的设计手法及植物材料的选择来体现一种金属和它的象征性的对应物：一颗行星、一星期中的某一天、一种色彩、一种特定的水的状态和一种感觉器官。

巴黎雪铁龙公园中的草地与大温室

巴黎雪铁龙公园中大温室前的草地

巴黎雪铁龙公园中的小花园

巴黎雪铁龙公园中的小花园

雪铁龙公园没有保留历史上原有汽车厂的任何痕迹，但另一方面，雪铁龙公园却是一个不同的园林文化传统的组合体，它把传统园林中的一些要素用现代的设计手法重新组合展现，体现了典型的后现代主义设计思想。

## 11.2 "解构主义"与景观设计

1967年前后，法国哲学家德里达（Jacques Derrida 1930~ ）最早提出解构主义（Deconstruction）。进入80年代，"解构主义"成为西方建筑界的热门话题。1988年6月，美国建筑师菲利普·约翰逊在纽约现代艺术馆组织了解构主义建筑艺术作品展，为这一思潮推波

助澜。

解构主义大胆向古典主义、现代主义和后现代主义提出质疑，认为应当将一切既定的设计规律加以颠倒，如反对建筑设计中的统一与和谐，反对形式、功能、结构、经济彼此之间的有机联系，认为建筑设计可以不考虑周围的环境或文脉等，提倡分解、片段、不完整、无中心、持续地变化……解构主义的裂解、悬浮、消失、分裂、拆散、移位、斜轴、拼接等手法，也确实产生一种特殊的不安感。

纪念法国大革命200周年巴黎建设的九大工程之一的拉·维莱特公园（Parc de la Villette）是解构主义的景观设计的典型实例。

拉·维莱特公园位于巴黎市东北角，20多

年前这里还是巴黎的中央菜场、屠宰场、家畜及杂货市场。当时牲畜及其他商品就是由横穿公园的乌尔克运河（Canal de l'Ourcq）运来。1974年这处百年历史的市场被迁走后，德斯坦总统建议把拉·维莱特建成一座公园，后来密特朗总统又将其列入纪念法国大革命200周年巴黎建设的九大工程之一，并要求把拉·维莱特建成一个属于21世纪的、充满魅力的、独特并且有深刻思想含义的公园。它既要满足人们身体上和精神上的需要，同时又是体育运动、娱乐、自然生态、工程技术、科学文化与艺术等诸多方面相结合的开放性的绿地，公园还要成为世界各地游人的交流场所。

1982年举办了公园的设计竞赛，评委会主任由著名的巴西景观设计师布雷·马克斯担任。在41个国家递交的471件作品中，选出了9个一等奖，后经过第二轮的评选，建筑师屈米（Bernard Tschumi 1944～）的方案中奖。

约55hm²的拉·维莱特公园环境十分复杂，东西向的乌尔克运河把公园分成南北两部分。南部有19世纪60年代建造的中央市场大厅，这座241m长、86m宽的金属框架建筑在市场迁走以后改成了展览馆及音乐厅。大厅南侧是著名建筑师包赞巴克（Christan de Portzamparc）设计的音乐城，公园北部是国家科学技术与工业展览馆。

公园主要在三个方向与城市相连：西边是斯大林格勒广场，以运河风光与闲情逸致为特色；南边以艺术气氛为主题；北面展示科技和未来的景象。

屈米通过一系列手法，把园内外的复杂环境有机地统一起来，并且满足了各种功能的需要。他的设计非常严谨，方案由点、线、面三层基本要素构成。屈米首先把基址按120×120m画了一个严谨的方格网，在方格网内约40个交汇点上各设置了一个耀眼的红色建筑，屈米把它们称为"Folie"（风景园中用于点景的小建筑），它们构成园中"点"的要素。每一Folie

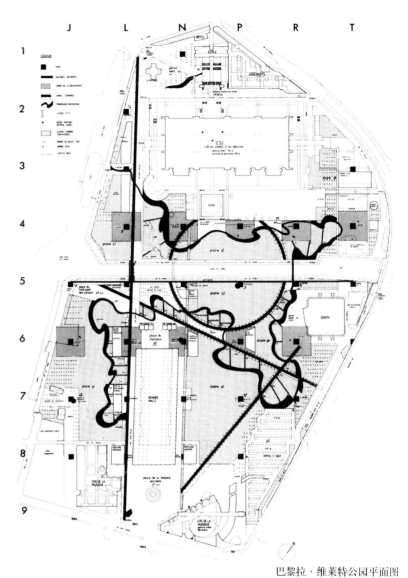

巴黎拉·维莱特公园平面图

拉·维莱特公园模型照片

221

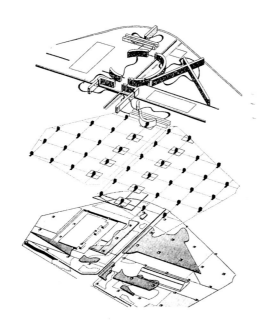

拉·维莱特公园中的点、
线、面三层要素

的形状都是在长宽高各为10m的立方体中变化。Folie的设置不受已有的或规划中的建筑位置的限制,所以有的Folie设在一栋建筑的室内,有的由于其他建筑所占去的面积而只能设置半个,有的又正好成为一栋建筑的入口。可以说方格网和Folie体现了传统的法国巴洛克园林的逻辑与秩序。

有些Folie仅仅作为"点"的要素出现,它们没有使用功能。而有些Folie作为问询、展览室、小卖饮食、咖啡馆、音像厅、钟塔、图书室、手工艺室、医务室之用,这些使用功能也可随游人需求的变化而改变。一些Folie的形象让人联想到各种机械设备。运河南侧的一组Folie和公园西侧的一组Folie,各由一条长廊

拉·维莱特公园中红色的Folie、长廊和乌尔克运河

拉·维莱特公园中红色的Folie

拉·维莱特公园中
红色的Folie

小园比喻成一部电影的各个片断。公园中"面"的要素就是这10个主题园和其他场地、草坪及树丛。

在拉·维莱特公园的设计中，屈米对传统意义上的秩序提出了质疑，他用分离与解构的方法同样有效地处理了一块复杂的地段。他把公园的要素通过"点"、"线"、"面"来分解，各自组成完整的系统，然后又以新的方式叠加起来。三层体系各自都以不同的几何秩序来布局，相互之间没有明显的关系，这样三者之间便形成了强烈的交叉与冲突，构成了矛盾。

解构主义与其说是一种流派，不如说是一种设计中的哲学思想，它对西方传统文化中的确定性、真理、意义、理性、明晰性和现实等概念提出质疑，故意反常理而为之，因而一般人很难理解。虽然屈米的设计思想自有他的一套解构主义理论为依据，但是公园的设计仍然流露出法国巴洛克园林的一些特征，如笔直的林荫路和水渠、轴线以及大的尺度等。即使是那些耀眼的Folie，尽管以严格的方格网来布置，但由于彼此间相距较远，体量也不大，形式上又非常统一，而公园中作为面的要素出现的大片草地、树丛构成了园林的总体基调，因此这些Folie更象是从大片绿地中生长出来的一个个红色的标志。在这种自然式种植的植被

拉·维莱特公园中的竹园

联系起来，它们构成了公园东西、南北两个方向的轴线。

公园中"线"的要素有这两条长廊、几条笔直的林荫路和一条贯通全园主要部分的流线形的游览路。这条精心设计的游览路打破了由Folie构成的严谨的方格网所建立起来的秩序，同时也联系着公园中10个主题小园，包括镜园、恐怖童话园、风园、雾园、龙园、竹园等。这些主题园分别由不同的风景师或艺术家设计，形式上千变万化，有的是下沉式，有的以机械设备创造出来的气象景观为主，有的以雕塑为主，最著名的是谢梅道夫（Alexandre Chemetoff 1950~）设计的竹园。屈米把这些

拉·维莱特公园中在草地上踢球的市民

中，我们感受不到那种严谨的方格网的存在，整座园林仍然充满了自然的气息。屈米以他的设计提出了一种新的可能性，不管人们喜欢与否，至少它证明了不按以往的构图原理和秩序原则进行设计也是可行的。

拉·维莱特公园与城市之间无明显的界线，它属于城市，融于城市之中。同时公园中随时都充满着各种年龄、各个层次的来自世界各地的游人。青年人在草坪上踢球，儿童在主题园中游戏、老人们在咖啡店外大遮阳伞下品尝着咖啡、茶点……公园充满了自然的气息与游人活动的生机。屈米的理论是深奥的，他的

拉·维莱特公园中流线形的游览路和波形长廊

受过完整的建筑历史的教学，受古典主义的影响少，受现代主义思想的熏陶较多，如功能主义、园林是建筑的延伸等等。因此，沃克的早期作品表现为两个倾向，一是建筑形式的扩展，二是与周围环境的融合。

沃克对艺术抱有极大的兴趣，进行艺术创作一直是他的愿望，为了实现这一理想，他当初曾经想上一所艺术学校而不是大学，在伯克利读书时他还从事绘画。他经常逛画廊、阅读艺术书籍和杂志，也收集一些艺术品。60年代末，沃克开始对极简主义艺术产生了浓厚的兴趣，主要是极简主义雕塑，同时也包括极简主义绘画。他开始不断收集勒维特、贾德和其他极简艺术家的作品。这个时候，他并没有将艺术与他的专业联系起来的想法，只是出于对艺术的美和意义的欣赏。随着时间的推移，越来越多的极简艺术品使他认识到了将艺术与景观结合的可能性。他发现极简艺术中的视觉和精神词汇与自己对现代主义的理解，如简单、清晰和形式感在本质上非常协调。

而同一时期，他在SWA的作品却是"如画的"优秀的大众化的设计。这与他私人收藏的极简艺术品形成巨大的反差，也与他推崇的现代建筑师密斯·凡·德罗、路易斯·康等人的追求相去甚远。但是在SWA这样一个商业运作成功的合伙人的团体里，现实并不允许他将自己对艺术的追求渗透到每一个项目中去。在SWA奋斗了18年之后，40岁的沃克发现自己越来越不满意公司的作品。SWA需要的是通过熟练的专业技巧完成容易被业主接受的典范的设计，但这不是他真正感兴趣的东西。受到内心深处艺术追求的强烈召唤，他决心去实现自己的理想，做出了离开SWA的决定。1976年沃克赴哈佛大学设计研究生院从事教学工作，以便能够更深入地探索景观与艺术的结合。

1977年夏天，沃克赴法国进行教学实习。尽管这之前沃克曾多次参观了欧洲一些伟大的园林，但由于对极简主义的兴趣与研究，他开始用不同的眼光审视这些园林，使得这一次旅行对他的职业生涯产生了非同寻常的意义。此前沃克一直探索如何将当代极简主义雕塑的观念与现代景观设计结合在一起，但却难以落到实处，在参观了巴黎的苏艾克斯（Sceaux）、维康府邸和凡尔赛后，沃克突然感悟，这些在17世纪由勒·诺特设计的园林"像一盏明灯照亮了前行的方向"，展示了极简主义艺术家所做的每一件事情。他发现，极简艺术家在控制室内外空间的方法上与勒·诺特用少数几个要素控制巨大尺度空间的方法有相当多的联系。沃克甚至认为，从某种程度来说，勒·诺特早在17世纪就已经完成了极简与景观的结合，他的园林就是现代的和极简的。

沃克这时候意识到了勒·诺特的古典主义、当代的极简主义艺术和早期现代主义在许多方面是相通的，是形式的再创造和对原始的纯净和精神力量的探索。他开始了新的创作，通过将这三种艺术思想的经验结合起来去塑造景观，并寻找解决社会和功能问题的方法。他发现，极简艺术中最常见的手法"序列"——某一要素的重复使用、或要素之间的间隔的重复，在景观设计中是非常有效的。他表示"极简主义艺术家走在我的前面，我了解他们做的

沃克认为勒·诺特设计的园林展示了极简主义艺术家所做的每一件事情

229

事情，所以我准备走相同的道路，力图在景观设计上达到极简主义艺术家在艺术上所达到的高度。"

沃克指导过的一些学生，包括哈格里夫斯（George Hargreaves 1953～）和施瓦茨（Martha Schwartz 1950～），他们后来都成长为新一代景观设计师。从艺术专业转过来的女学生施瓦茨一直在探索艺术与景观的结合，她得到了沃克的指点，两人兴趣相同，很快开始了浪漫的故事，不久就建立了新的家庭。

在1983～1989年这段时间里，沃克和施瓦茨有一些合作的项目。在这些项目里，沃克的极简主义的简朴似乎是混合了某些施瓦茨的波普艺术的活泼，在实际项目中，他们的美学观点常常交融在一起。

沃克的极简主义景观在构图上强调几何和秩序，多用简单的几何母题如圆、椭圆、方、三角，或者这些母题的重复，以及不同几何系统之间的交叉和重叠。材料上除使用新的工业材料如钢、玻璃外，还挖掘传统材质的新的魅力。通常所有的自然材料都要纳入严谨的几何秩序之中，水池、草地、岩石、卵石、沙砾等都以一种人工的形式表达出来，边缘整齐严格，体现出工业时代的特征。种植也是规则的，树木大多按网格种植，整齐划一，灌木修剪成绿篱，花卉追求整体的色彩和质地效果，作为严谨的几何构图的一部分。

沃克的极简主义景观并非是简单化的，相反，它使用的材料极其丰富，它的平面也非常复杂，但是极简主义的本质特征却得到体现。如无主题、客观性、表现景观的形式本身，而非它的背景；平面是复杂的，但基本组成单元却是简单几何形；用人工的秩序去统领自然的材料，用工业构造的方式去建造景观，体现机器大生产的现代社会的特质；作品冷峻、具有神秘感，与此并不矛盾的是他的作品具有良好的观赏性和使用功能。极简主义的手法使他的作品成为一个"美学的统一体"，而不是一种其

他物体的背景或附属物。但奇怪的是，虽然他的作品常常比建筑本身更具视觉吸引力，许多建筑师仍然乐意由沃克为他们的建筑创造景观。他的作品似乎不仅适合于现代城市环境，也适合于历史悠久的古老校园，而且即使在一个完全自然的环境中也可以做到相得益彰。

沃克在向极简主义艺术寻找灵感的过程中，也遇到不少问题。尽管极简艺术作品所表现出的祛除一切雕饰的简洁代表着进步，但是当这种对简洁单纯的追求走到极致，变成不动声色的视觉游戏时，它也就在有意无意中走向了反面，使普通百姓难以接受。事实上，在某些场合，公众流露出对一些冷酷、傲慢、让人迷茫的极简主义艺术极端地反感。极简主义使人感到不舒服的地方，在于它试图消除艺术与非艺术的界限。但这种反艺术，只能够放置在博物馆或画廊里，供心意相通的参观者欣赏艺术家反叛的意图，而景观作品是属于公众的，是满足大众活动的场所，它绝不是纯视觉艺术。

沃克在追求极简的同时并没有淡漠景观的意义，他认为："如果一个雕塑或一幅画对一个景观设计师的工作有所启发，那是艺术概念的转化，而不是完全的抄袭。"画廊里的极简艺术家们不需要面对景观设计中的功能问题、复杂的构造问题及安全问题，而景观中一些特质也是极简艺术中不具备的，如植物的生长问题。景观比雕塑要复杂的多，就好比交响曲和轻音乐的关系。所以，沃克并没有象极简主义艺术家们那样试图创造一种非景观的作品。与勒·诺特一样，沃克试图创造一种具有"可视品质"的场所，使人们能够愉快地在里面活动。

沃克特别推崇勒·诺特，也欣赏日本禅宗园林简朴的风格，他也受到美国景观设计师丘奇、野口勇、埃克博和哈普林的影响，并曾经工作于哈普林事务所。1994年沃克与西蒙（Melanie Simo）合作出版了著作《不可见的园林》（Invisible Gardens），书中阐述了1925

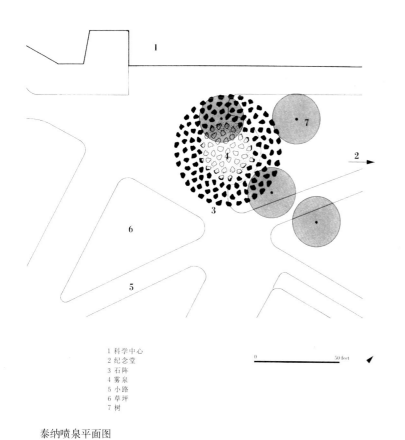

1 科学中心
2 纪念堂
3 石阵
4 雾泉
5 小路
6 草坪
7 树

泰纳喷泉平面图

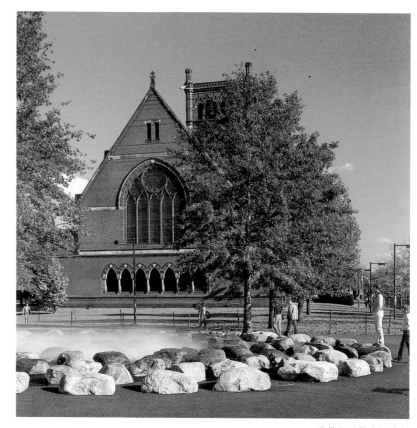

哈佛大学的泰纳喷泉

泰纳喷泉

231

年以来美国景观设计的发展、变革，显示出沃克对现代景观深厚的研究功底。他还受到包豪斯思想的影响，特别是密斯的影响。实际上，西方古典园林，特别是勒·诺特的园林、现代主义、极简主义和大地艺术共同影响了沃克的设计。

沃克完成了大量的景观设计作品，使他成为世界最有影响的景观设计师之一的作品并非是早年在SWA主持的众多工程，而是后来在自己的公司中完成的对景观艺术进行探索的项目。沃克的作品不仅在美国，而且遍布世界上许多国家，如德国、法国、西班牙、日本、墨西哥甚至中国。

沃克作品中最富极简主义特征的无疑是泰纳喷泉（Tanner Fountain）。1979年，哈佛大学委托SWA集团设计一个喷泉，沃克负责了这个项目，工程于1984年建成。喷泉位于哈佛大学一个步行道交叉口，沃克在路旁用159块石头排成了一个直径18m的圆形的石阵，雾状的喷泉设在石阵的中央，喷出的细水珠形成漂浮在石间的雾霭，透着史前的神秘感。"泰纳喷泉是一个充满极简精神的作品，"沃克说，"这种艺术很适合于表达校园中大学生们对于知识的存疑及哈佛大学对智慧的探索。"沃克的意图就是将泰纳喷泉设计成休息和聚会的场所，并同时作为儿童探索的空间及吸引步行者停留和欣赏的景点。这个设计明显受到极简艺术家安德拉1977年在哈特福德（Hartford）创作的一个石阵雕塑的影响。喷泉本身形式的简单纯洁使它在繁杂的环境中表达了对自身的集中强调。简单的设计所形成的景观体验却丰富多彩，伴随着天气、季节及一天中不同的时间有着丰富的变化，使喷泉成为体察自然变化和万物轮回的一个媒介。

在1983年建成的福特·沃斯市伯纳特公园（Burnett Park, Fort Worth, Texas）中，沃克用网格和多层的要素重叠在一个平面上来塑造一个不同以往的公园。他将景观要素分为三个水平层，底层是平整的草坪层。第二层是道路层，由方格网状的道路和对角线方向的斜交的道路网来组成。道路略高于草坪，可将阴影投在草坪上。第三层是偏离公园中心的由一系列方形水池并置排列构成的长方形的环状水渠，是公园的视觉中心。草地上面散植的一些乔灌木，在严谨的平面构图之上带来空间的变化。水渠中有一排喷泉柱，为公园带来生动的视觉效果和水声，每到夜晚，这些喷泉柱如同无数枝蜡烛，闪烁着神秘的光线，引人遐想。作

福特·沃斯市伯纳特公园平面图

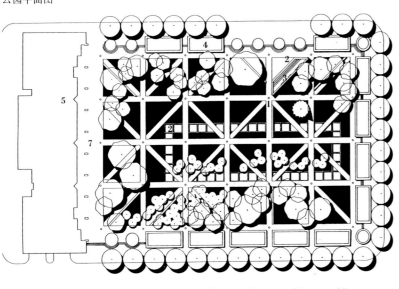

1.石步道 2.水池 3.座椅 4.花池 5.建筑 6.草地 7.广场

伯纳特公园夜景

伯纳特公园

为传统意义上的公园，伯纳特公园拥有草地、树木、水池和供人们坐、躺和玩耍的地方；作为公共的城市广场，它有硬质的铺装供人流的聚集，有穿越的步行路，有夜晚迷人的灯光，同时它又是城市中心区的一个门户。

1990年，沃克又设计了位于得克萨斯州的索拉那（Solana）IBM研究中心园区。建筑由墨西哥著名建筑师莱格雷塔（R.Legorreta）设计，强烈的色彩具有明显的墨西哥风格。沃克保护了尽可能多的现有环境的景观，在外围与自然的树林草地相衔接，在建筑旁使用一些极

端几何的要素，与周围环境形成强烈的视觉反差。办公建筑群由三组轴线相错的建筑组成，沃克在它周围建立了两套系统，一是由两个水池、两条水渠和一条贯穿前两者的自然式小溪组成的水的系统；二是由一条笔直的主路和垂直于建筑的三组平行的小路组成的道路系统。两套系统交织在一起，将三组建筑有机地联系了起来。在销售中心的入口，沃克设计了一座被切开的圆形石山，整齐的切口中飘出袅袅的雾气，透出一种无法抗拒的神秘力量，成为一个极简艺术的雕塑。

索拉那IBM研究中心销售中心入口处的喷泉

索拉那IBM研究中心

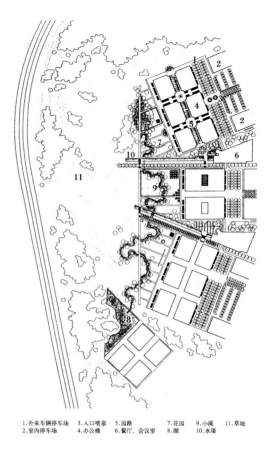

得克萨斯州的索拉那IBM研究中心办公区平面图

索拉那IBM研究中心销售中心环境

加州橘郡市镇中心广场大厦
环境

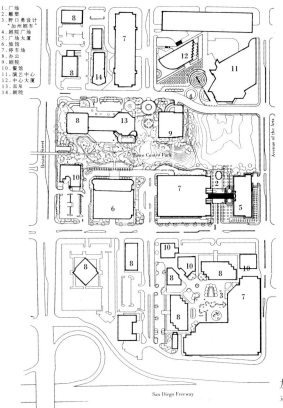

1.广场
2.雕塑
3.野口勇设计
"加州剧车"
4.剧院广场
5.广场大厦
6.旅馆
7.停车场
8.办公
9.剧院
10.餐馆
11.演艺中心
12.中心大厦
13.温泉
14.剧院

加州橘郡市镇中心
平面图

加州橘郡市镇中心广场大厦
环境

235

沃克从 70 年代初就参与了加州橘郡市镇中心的景观设计。这是在一片农田的基础上经过 30 年建设逐渐兴起的一个综合了商业、娱乐和文化设施的新型市镇。沃克设计了自然风景式的市镇中心公园、广场大厦环境和演艺中心前广场。由建筑师西萨·佩里（Cesar Pelli）设计的广场大厦位于野口勇设计的"加州剧本"旁，沃克为此楼作的景观设计于 1991 年建成。这个建筑大量采用不锈钢材料与周围石材面层的办公楼形成了对比。有感于此，沃克将钢材引入景观设计之中。他将宽度为 100 毫米的不锈钢条饰铺设在连接广场大厦和多层停车楼的入口区，由不锈钢组成的同心圆状的水池坐落于入口两侧，不锈钢短柱的整齐排列形成了通道指示。在这些条状、圆形和列阵交错重叠的景观中，俯瞰或平视都可感受几何的美感。两个不锈钢的水池将建筑、入口区、停车场统一起来，与草地、水、卵石一起构成雕塑般的景观，反射着天空和周围环境的变化。同心圆的水池和周围的同心圆铺装条纹如同水从中心向外扩散的涟漪。这里沃克用不锈钢捕捉并反映了环境的气氛，用纯净的几何形体体现清新而丰富的美感。在广场的一侧，是日本艺术家宫协爱子的不锈钢软雕塑"十二生肖"，使

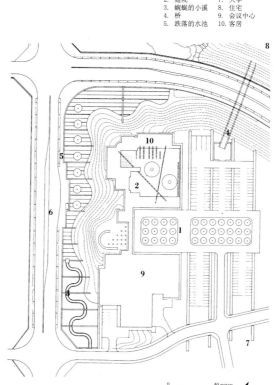

1. 火山园　　6. 道路
2. 庭院　　　7. 大学
3. 蜿蜒的小溪　8. 住宅
4. 桥　　　　9. 会议中心
5. 跌落的水池　10. 客房

0　　　　　40 meters

日本京都高科技中心平面图

这一环境的材料特征愈加明显。沃克在演艺中心的前广场设计了绿色的花坛，用绿篱修剪成整齐的雕塑般的几何形状，充满节奏和韵律之美。

1993 年沃克在日本京都市以西的群山中，为建筑师矶崎新设计的高科技中心设计的景观耐人寻味，展示了一种独特的秩序。在停车场的中心，沃克设计了火山园，他通过一个秩序化排列的圆锥状的草皮土丘，建造了一个提示周围群山成因的戏剧化的场景。每一个土丘上种植一棵柏树，并在树顶放置一个红色的小灯泡。沃克特有的雾状喷泉布置在花园周围，细雾轻轻地飘入赋予花园诗意。建筑的内庭院是一个枯山水式的花园，细砂犁出水流的纹样，上面是两个巨大的相同大小的圆台状石山和苔藓山，似乎是京都银阁寺向月台的再现。园子的一角是按阵列种植的竹林，雾从竹林中漂出，神秘莫测。一条木道和一条石汀步相互交叉，联系着建筑的室内和庭院。沃克将日本传统的禅宗园以现代的构图重新演绎，并将景观融入建筑和周围的群山之中。

日本京都高科技中心火山园

日本京都高科技中心庭院

1994年建成的德国慕尼黑机场凯宾斯基酒店(Hotel Kempinski)景观设计,是沃克在欧洲的一个引起广泛关注的作品。酒店建筑由设计慕尼黑机场的墨菲/扬 (Murphy/Jahn) 建筑师事务所设计。沃克将环境分为三个部分:旅馆前车行交通区域、停车场和位于地下车库上的花园。花园是其中最精彩的部分,设计反映出沃克对欧洲规则式园林和现代艺术的热爱。他用黄杨绿篱围合成一个正方形的空间,用红色的碎石和绿色的草地将里面的地面划分成不同的区域,在草地上种植3株柱状的高耸杨树,在绿篱的一角是一个修剪成立方体的紫杉篱,这些要素组成一个正方形的景观单元,将这个单元与旅馆建筑呈10度左右的角度,系列化地排列,每个单元中间留出必要的步行道路,在花园中留出地下车库车行和步行出入口,形成一个图案式的构图,如同勒·诺特的园林中的花坛园。两条用蓝色和黄色玻璃覆盖的光带垂直相交,分别穿过酒店大厅和花园,把酒店、酒店前交通区域和花园紧密地联系起来。沃克认为,这里的人都是匆匆的旅客,恐怕没有人有闲情逸致在花园中小憩漫步,所以像历史上的

花坛园林一样,这里考虑的主要是从酒店的客房中或是从路过的车辆中欣赏花园,而不是进入花园,花园中也没有设置座椅或是其他设施。沃克要创造的是一个绿色的、令人愉快的场地。他还完成了酒店大厅的室内设计。与室外极简的景观相比,室内则有些波普。沿大厅

德国慕尼黑机场凯宾斯基酒店平面图

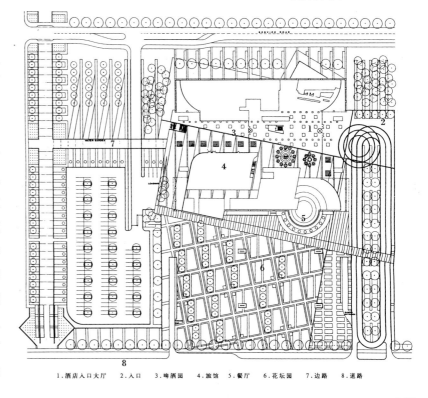

1.酒店入口大厅 2.入口 3.啤酒园 4.旅馆 5.餐厅 6.花坛园 7.边路 8.道路

凯宾斯基酒店花园
局部

凯宾斯基酒店大厅室内的天竺葵

凯宾斯基酒店花园与建筑

凯宾斯基酒店花园

日本 Makuhari 的 IBM 大楼庭院平面图

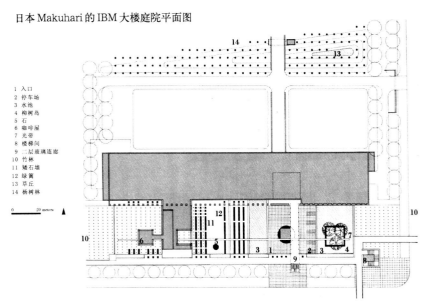

1 入口
2 停车场
3 水池
4 柳树岛
5 石
6 咖啡屋
7 光带
8 楼梯间
9 二层玻璃连廊
10 竹林
11 矮石墙
12 绿篱
13 草丘
14 杨树林

0    20 meters

内的光带布置了一些玻璃架，与晶莹剔透的建筑风格一致，上面摆放着一排排天竺葵。大厅内还布置了一些不同的植物，包括人造植物，烘托出室内的气氛。

位于日本 Makuhari 的 IBM 大楼庭院，是一个极富禅意的作品。庭院呈长条形，被建筑打破分为两部分。沃克没有理睬建筑的分隔，而是按照严格的几何序列，从竹林、绿篱、铺装、水池到竹林逐渐过渡。紧贴地面的一条狭窄的光带穿过竹林、穿过建筑、穿过水池、穿过柳树岛，贯穿始终，将庭院连为一体。庭院严谨的构图，简单的线条，以及园中的沙砾铺装，巨大的立石，平静的水池中漂浮的睡莲，使庭院笼罩着一种深沉宁静的寺庙园林气氛。

加州的密克康纳尔基金会环境的设计对设计师来说是一个挑战。基地约 60hm²，位于一个山谷的尽端，略显荒凉，现有三个池塘，相互之间有很大的高差变化。设计不仅要满足功能和美学的要求，还要尽可能地修复这里原有的生态环境。沃克不仅整理了环境，还以极少的添加物使这里具有了美和神秘的品质。

沃克的作品有严格的几何秩序，工程实施过程中精确的尺寸和严格的对应关系是作品成功的重要保证。许多细节需要以工业化生产的方式进行加工，因而对施工图纸和施工工艺的要求极高。在中国现阶段景观施工还大多停留在手工工匠阶段，很难保证这种类型的作品的实施和效果，这也是沃克在中国的第一件作品——1998年建成的北京中国工商银行的环境最后看起来有些粗糙、效果不甚理想的原因。

1997年沃克出版了作品集《极简的园林》（Minimalist Gardens）。沃克的作品注重人与环境的交流，人类与地球、与宇宙神秘事物的联系，强调大自然的谜一般的特征，如水声、风声、岩石的沉重和稳定、飘渺神秘的雾以及令人难以琢磨的光。他对景观艺术的探索，达到了当代景观设计的一个新的高度。

日本 Makuhari 的 IBM 大楼庭院

日本 Makuhari 的 IBM 大楼庭院中的竹林

日本 Makuhari 的 IBM 大楼庭院

的雕塑与浅色的地面形成对比，同时也可以作为座椅和儿童的游戏设施。墙上的陶瓷壁画与地面连为一体，画面中一个简单的拱门暗示着出口，表达了解脱的主题。建筑的柱子在墙面和地面上投下长长的阴影，地面不同方向的条纹铺装又加强了这一印象，联系墙上的拱门和地面上奇怪的雕塑，让人联想起挈里科（Giorgio de Chirico 1889~1978）的绘画，使这一作品在典型的后现代手法的同时，仿佛又有超现实主义的色彩。

1988年建成的亚特兰大的里约购物中心（Rio Shopping Center）庭院是施瓦茨最具影响的作品之一。购物中心建筑为两层，建筑呈U字形布局，朝向街道的一面开敞，底层的庭

院比街道低3m。建筑是钢结构的，运用了蓝、红、黑、白等鲜明的色彩，具有很强的工业味。施瓦茨将长条形的庭院分为三段，前1/3是连接街道与庭院的由草地带和砾石带间隔铺装的坡地，高12m的钢网架构成的球体放置在斜坡的下部，作为庭院中的视觉中心，划分着街道和庭院不同的空间，也成为从街道看庭院的主要景物，将行人的视线引入庭院。这个球体原来设计成常春藤的攀爬架，底部还有为植物生长设计的喷雾装置，后来不知什么原因没有实现，只有构架本身，这倒也加强了庭院的工业色彩。院子中间的1/3是水池，黑色的池底上用光纤条划出一些等距的白色平行线，光纤条在夜晚可放出条状的光芒。一个黑白相间的步

亚特兰大市里约购物中心

245

行桥与水池斜交着，漂浮于水面之上，连接水池两侧建筑一层的回廊。步桥上方一座黑色螺旋柱支撑的红色天桥以反方向与水池斜交，联系建筑的二层内廊。后面的1/3是屋顶覆盖下的斜置于水池之上的方形咖啡平台，平台铺装的图案有强烈的构成效果，色彩也非常大胆。这里是歇息、聚会的场所，玻璃电梯联系建筑的两层，一片竹丛穿过屋顶上的圆洞指向天空。最引起争议的是施瓦茨在整个庭院中呈阵列放置了300多个镀金的青蛙，有的在斜坡草地或砾石上，有的漂浮在水面上，这些青蛙的面部都对着坡地上的钢网架球，好象在表示着尊敬。据说，青蛙的造型来自于凡尔赛花园中的拉托娜(Latona)喷泉。这个设计以理性的几何形状如方形、矩形和圆形组织构图，互相错位重叠，用夸张的色彩、冰冷的材料创造出欢快而奇特的视觉环境，虽然其怪异的风格不易理解，但是与购物中心的建筑风格倒也十分和宜。遗憾的是，设计构图中的重要要素——镀金青蛙，如今已经没有了，现在的里约购物中

加州科莫思的城堡

心庭院是一个不完整的作品。

1991年建成的位于加州科莫思(Commerce)的城堡(The Citadel)原为橡胶和汽车轮胎厂，后改为办公、购物和旅馆设施，但留下了原有建筑的外墙作为沿街的立面。施瓦茨将所有的建筑围绕一个中心广场布置，广场成为每一栋建筑的前庭，停车场布置在建筑的外围。在中心广场用250株椰枣种植在由草地、灰色和橙色的混凝土砖铺装的矩形网格地坪上，形成壮观的林荫道。每一株树都被套在预制的白色混凝土的轮胎状树池中，重复出现的树池既可作为休息的座椅，同时使人追忆地区的历史。

1996年建成的迈阿密国际机场北面的隔音墙有1.6km长，用于隔离机场和相邻的社区。为了避免从北面的社区看隔音墙成为一座冰冷的死墙，需要加以装饰，但朝向的问题使得采用涂色或浮雕的做法都很难有好的效果。种种限制使施瓦茨产生了"用阳光激活墙体的想法"，于是在墙上凿出许多大小相同的圆洞，洞的布置方式依墙体位置的不同而有所不同，在每个洞上都镶上五颜六色的彩色玻璃，在阳光的照射下闪现出圆圆的彩色光环，使隔音墙充满生机。混凝土墙面印有模板的竖向条纹，富有肌理的变化，曲线的墙体顶部与地形变化呼应，隔音墙与地形一起起伏。

1996年建成的纽约亚克博·亚维茨(Jacob Javits) 广场面积约3700余平方米，位于一个地下车库和一些地下服务设施的上面，主要用于附近办公楼中工作人员的午间休息。这个广场上原来矗立着艺术家塞拉( Richard Serra)的雕塑"倾斜之拱"，后来因公众的激烈反对而最终撤走，还由此引发了公共艺术到底是艺术家的艺术还是为公众的艺术的争论。后来又有一些简单的设计，在广场上放置了一些花钵和坐椅供人休息，但一直不理想。这些曲折的经历使施瓦茨意识到广场的设计必须贴近人们的日常生活。由于周围的建筑很平庸，使得这个

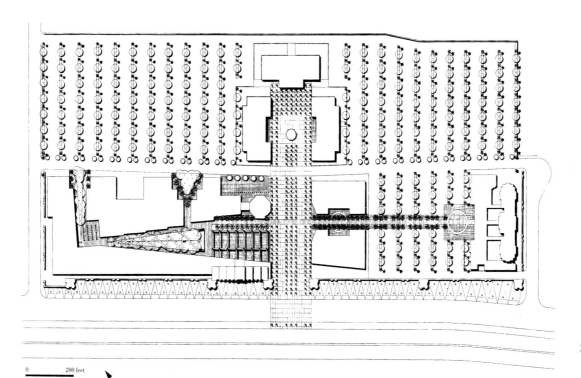

加州科莫思的城堡平面图

加州科莫思的城堡

迈阿密国际机场的隔音墙

迈阿密国际机场的隔音墙

广场也显得平凡无趣，施瓦茨认为需要加入运动和色彩使之生动。她精心选择了设计要素：长椅、街灯、铺地、栏杆等等，以法国巴洛克园林的大花坛为创作原型，用不同寻常的手法来再现这些传统的景观要素。施瓦茨用绿色木制长椅围绕着广场上6个圆球状的草丘卷曲、舞动，产生了类似摩纹花坛的涡卷的图案。不过在这里，弯曲的长椅替代了修剪的绿篱，球形的草丘代替了黄杨球。座椅形成内向和外向两种不同的休息环境，适合不同的人群。草丘的顶部有雾状喷泉，为夏季炎热的广场带来丝丝凉意。广场尺度亲切，为行人和附近的职员提供了大量休息的地方，深得公众的喜爱。

1998年建成的明尼阿波利斯市联邦法院大楼前广场（Federal Courthouse Plaza）位于KPF设计的新的联邦法院大楼前。设计将建筑立面上有代表性的竖向线条延伸至整个广场的平面中来，以取得与建筑的协调关系。在入口通道的两侧，一些与线条成30度夹角的不同高度和大小的水滴形绿色草丘从广场中隆起。草丘是这个设计中最吸引人的要素，它的形状源于本地区的一种特殊地形"drumlin"——一万年前冰川消退后的产物。由于广场的地下是一个停车场，受承重力的限制，草丘上只种植了一种当地乡土的小型松树。平行于这些草丘，平躺着一些粗壮的原木，被分成几段，作为坐凳，也代表着这个地区经济发展的基础——木材。这个广场具有明显的极简主义和大地艺术的特征，在明尼阿波利斯市以直线、方格为特

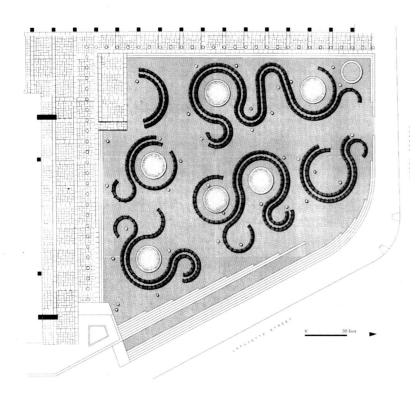

纽约亚克博·亚维茨广场平面图

勒·诺特设计维康府邸中的大花坛，亚克博·亚维茨广场的设计构思正是来源于这种古典要素

纽约亚克博·亚维茨广场

纽约亚克博·亚维茨广场鸟瞰

纽约亚克博·亚维茨广场

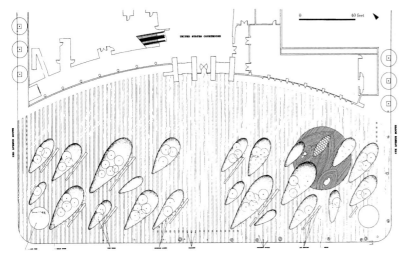

明尼阿波利斯市联邦法院大楼前广场平面图

明尼阿波利斯市联邦法院大楼前广场鸟瞰

征的城市景观中，它的景观极具个性。

尽管许多批评家认为这个广场缺乏对功能的完善的考虑，但施瓦茨认为，对于明尼阿波利斯市的这个中心广场来说，最大的功能是"创造一个标志，一段记忆，一个场所"。她的设计是要提供一个引人注目的、可识别的景观以吸引这个城市的居民，使他们在忙碌的路边能够驻足小憩，并留下记忆。实际上广场建成后被很好地利用，特别是午餐时，许多附近的职员来到广场上休息，有的还躺在那里接受日光浴，广场还为附近的一个学前学校提供了活动场地。

施瓦茨的创新精神也得到了欧洲人的赞赏，她被邀请去欧洲讲学。但是与沃克相比，施瓦茨因其作品突出的个性，在欧洲这样传统的地方却很难有实践的机会。英国曼彻斯特城交易所广场是她在欧洲为数极少的作品中的一件。

曼彻斯特城是英国重要的工业城市，交易所广场（Exchange Square），是美国 EDAW 景观公司完成的市中心区规划中步行区的一个

明尼阿波利斯市联邦法院大楼前广场

明尼阿波利斯市联邦法院大楼前广场

明尼阿波利斯市联邦法院大楼前广场

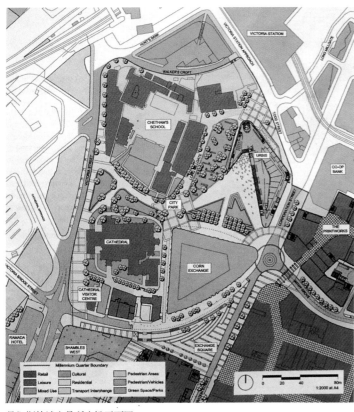

曼彻斯特城交易所广场平面图

重要节点。在 1996 年爱尔兰共和军制造的爆炸中，这个城市有 220 人受伤，16000m² 的商业和办公区域被毁坏。这个规划是城市在爆炸事件后的重新建设计划。EDAW 公司在城市规划中对交易所广场的定位是："公众领域的一个重要节点"，需要"一个令人惊奇的标志性设计"，而施瓦茨事务所非常符合这一条件，所以被邀请参加广场的国际设计竞标。

"运动"是施瓦茨这个作品的重要特征。被矮墙座凳界定的弯道，将广场的高差统一在一个界面上。这些弯道具有桥的连接功能，同时也是一个剧场。施瓦茨将其视为城市家具的一个重要组成部分，使广场"像一个起居室，人们可以在这里自在地活动"。在广场的南部，线形排列的"铁路"线上，放置了由火车轮支撑的蓝色平板，既是活动雕塑，又是可以在"铁路"上滑行的座椅。在广场的北部较低部位，一条弧形的溪流顺应了街道的曲线，里面填塞着

曼彻斯特城交易所广场鸟瞰

石块，使人联想到这里曾经有过的运河。施瓦茨还在广场的南部设计了八棵10m高的由钢铸树干和染色叶片构成的人造棕榈，这些棕榈将提供"一种异质的介入，暗示在这个世界上任何事情都可能发生。"

但是，交易所广场在建造过程中引起了很多争议，甲方提前解除了设计合同，一些细节在施工中也被删节。已经安置在广场上的火车轮支撑的蓝色平板被撤除，而人造棕榈树根本就没有出现。2001年，缺少了很多细节的广场建成了，但激烈的争论还在持续。

看来，景观是无法离开它所依托的社会和文化的。欧洲与美国毕竟不同，虽然施瓦茨的这项设计与她在美国的作品相比，已经谨慎了很多，但是仍然让不少英国人难以接受。

尽管施瓦茨和沃克都致力于景观和艺术的结合，但在外界看来，施瓦茨的作品常常是沃克作品的对应物：沃克热衷于极简，作品非常纯净，施瓦茨则更倾向于波普，作品有各种艺术混合的特征；沃克喜欢用精致而昂贵的材料，追求作品的精美、永恒和神秘的气氛，施瓦茨多用普通材料，造价也相对低廉得多；沃克的色彩简单柔和，施瓦茨的色彩丰富绚丽；植物在沃克的作品中是重要的要素，而在施瓦茨的许多作品中则是次要的东西，她有时甚至用塑料植物代替自然植物。

沃克曾这样评价自己的妻子：玛莎一只脚踏在艺术界，一只脚踏在景观界，尽管哪一方都不接受她，但她还在不断地坚持、不断地奋斗。施瓦茨引起广泛争议的重要原因，在于她不仅挑战景观设计的准则，也挑战景观的定义。她的作品都不是作为建筑或环境的背景，而是要表达艺术的思想和形式。不可能将施瓦茨划分为哪一类之中，她的风格是难以预料、也难以归纳的。施瓦茨的设计不断变化，作品具有自由和非常规的特点。在公共项目中，由于功能、资金、法规等的限制，作品都比较谨慎，更多地表现出极简或后现代主义的特征，

如亚克博·亚维茨广场、联邦法院大楼前广场，但是在一些私家场地或一些临时性、实验性的景观中，她的作品具有更加大胆的构图和色彩，以及诙谐、讽刺、波普的特点。其实施瓦茨的设计常常是各种艺术思想的混合体，她的

曼彻斯特城交易所广场上的矮墙座凳

曼彻斯特城交易所广场上由火车轮支撑的蓝色平板

253

很多做法有时也是自相矛盾的，比如她非常憎恶装饰，主张设计应该诚实，对用混凝土制成的石头深恶痛绝，但是在她的设计中也有很多装饰，她自己又经常用塑料植物和塑料草坪。

几乎施瓦茨的每一个作品都有着强劲的视觉冲击力，令人难忘。她的作品和她对景观的理解及表现的手法都给人以启迪。施瓦茨认为，并非所有的艺术作品和景观设计都必须成为永恒的杰作，重要的是通过疑质和挑战已建立的观点和立场，导致原有思想的自我反省和自我批判，最终促进艺术和设计的不断发展。也许，理解了这段话，我们也就不难理解施瓦茨的作品了。

### 11.5 艺术与科学的结合——哈格里夫斯(George Hargreaves 1953~)的景观设计

哈格里夫斯像

1970年代以后，景观规划设计专业在传统的基础上不断拓展，一些人向艺术的方向发展，如沃克（Peter Walker）和施瓦茨（Martha Schwartz），他们关注景观与艺术的结合，追求景观的艺术表现。另一些人则向科学的方向发展，如麦克哈格（Ian McHarg）等人，他们更关注于景观的生态意义。在许多人看来，景观设计中艺术成分的增加肯定会忽略对生态的考虑，而侧重生态效益又必然会削弱景观的艺术性。然而，有一些设计师却用他们的实践告诉人们，科学与艺术在景观设计中能够完美地结合在一起。在这些景观设计师当中，除了我们前面提到的德国的拉茨(Peter Latz)以外，杰出的代表人物还有美国的哈格里夫斯，他们的努力被认为是领导了这个专业的一个发展方向。

哈格里夫斯进入景观设计行业是非常偶然的。从童年到青年，他在美国很多城市居住过，也旅行到过许多地方。有一次他来到洛基山脉国家公园的Flattop山的最高峰，看着那些初生的、纤弱的小花穿破积雪，在Bear湖和周围山上的雪地里开放，他体验到一种"位于恐惧边缘的愉快"和与自然融为一体的兴奋，这是"一种思想、身体和景观联系在一起的奇异的感觉"。后来哈格里夫斯将自己的这种感觉告诉了当时任佐治亚大学林业系主任的叔叔，他的叔叔建议他去学习景观规划设计专业。不久哈格里夫斯就进入佐治亚大学环境设计学院学习，并于1977年获得了景观设计学士学位，然后又来到哈佛大学设计研究生院，成为彼德·沃克的学生。

在哈格里夫斯学习景观规划设计的过程中，大地艺术家史密森（Robert Smithson）对他产生了重大的影响。初次见到史密森的一些作品的照片，哈格里夫斯为之震撼。从那些未完成的环和开放的螺旋中，他领悟到"各种元素，诸如水、风和重力都可以进入并且影响到景观"。史密森对自然进程的关注启发了他，他意识到文化对自然系统会产生潜在的伤害，而生态学的方法又无视文化而远离人们的生活。他开始致力于探索介于艺术与生态两者之间的方法。

1979年在哈佛大学获得硕士学位之后，哈格里夫斯来到加州的SWA景观设计公司分部工作。SWA给了他很好的发展机会，由于他出色的设计能力和才干，两年以后，他就成为了公司的一位负责人。他的设计作品也为公司带来了荣誉，位于科罗拉多州格林伍德山谷（Greenwood Village）的哈勒昆（Harlequin）广场获得了建筑师协会科罗拉多分会和国家雕塑协会的奖励，这次获奖成为他后来获得的几十项奖励的开始。

1982年在夏威夷，哈格里夫斯亲眼目睹了一次龙卷风的袭击。他认识到龙卷风那种可怕的美丽与古典主义的神圣的富有秩序感的美和如画的自然式构图的美完全不同，它是一种与自然的创造力和破坏力相联系的美，是一种与变化的、无秩序的可能性相联系的美。由此他产生了改变美的概念，表达自然界的动态、变化、分解、侵蚀和无序的美的愿望。

1983年哈格里夫斯离开了SWA集团，开办了自己的设计事务所，从此开始尝试打破现有的结构，运用一种更开放、更有生气、富于雕塑感的设计表达方式。

1986年哈格里夫斯完成了加利福尼亚纳帕（Napa）山谷中匝普（Zapu）别墅的景观设计。建筑位于山顶，周围的地面缓缓下降，外围是葡萄园和森林。哈格里夫斯以5层的塔楼建筑为中心，呈同心圆形状种植了两种高矮和颜色都不同的多年生的乡土草种，圆圈逐渐展开成蛇状，一直到入口的转角处。这两种草能够留存当地宝贵的降水，并不需要太多的养护。从空中看，两种加州的草形成螺旋

加州纳帕山谷中匝普别墅鸟瞰

加州纳帕山谷中匝普别墅

和蛇纹的地毯,随地形起伏,如同一幅大地的抽象图画,让人联想到山谷里在风中摇曳的葡萄园。

1980年代,哈格里夫斯在旧金山湾区承担了一系列的公共工程,使他逐渐产生了一定的社会影响。同时,这些工程也为他把自己对自然的理解从形式和哲学理念上都融合到艺术中去创造了实践的机会。

1988年建成的位于加州圣·何塞市(San Jose)市中心的广场公园(Plaza Park)面积约1.4hm²,这里不仅是一个大的交通岛,而且是周围艺术博物馆、会议中心、旅馆等一些重要建筑环绕的中心。场地是一个狭长的长方形,在西边有一个三角形的交通岛。哈格里夫斯的设计满足了不同的功能,同时蕴涵着深刻的寓意。道路的走向是沿着人们在公园两侧的公共建筑间穿越的路线来设置的。一条宽的园路构成公园东西向的长轴,沿路边设置了许多维多利亚风格的双灯灯柱和木质座椅,这些旧式的园灯和座椅隐喻着城市300年的历史。在公园的东端,分成两叉的园路中间夹着一块三角形的硬质场地,是一个公共演出的平台。在公园的中部,新月形的花坛将场地切开,形成一个有限但生动的高差变化,台阶的下面,是一个1/4圆的方格铺装的喷泉广场。每一天,广场上22个喷头随时间的推移喷出逐渐成长的水的形态,以此隐喻着历史上曾带来这个地区繁荣的水资源。晨曦中飘渺的雾泉呼应了旧金山湾区的晨雾,白天不断升高的水柱象征着19世纪早期印地安人在此地区挖出的自流井,夜晚被喷头下投光灯照亮的透明铺装暗示着附近硅谷的高新科技。喷泉不仅是公园的视觉中心,还是人们嬉戏的地方。公园的西部沿一系列同心弧种植了果树,作为对周围地区多产的果园的回忆。这个花园广场为各种功能提供了场所,如穿越、休息、演出、聚会和周末市场,同时寓意着圣·何塞市的自然环境、文化和历史。

80年代后期,哈格里夫斯在旧金山湾区的许多工程都涉及到废弃地的环境整治问题。他

加州圣·何塞市中心的广场公园上的喷泉在早上喷出的雾霭

加州圣·何塞市中心的广场公园

加州帕罗·奥托市拜斯比公园的土丘群和远处的海湾沼泽

认为，这些退化的景观同样面临艺术的挑战。在这些项目中，他常将一种强烈的雕塑语言融合到敏感的环境进程和社会历史之中，创作富含了隐喻和符号的公共空间，表现出一种将后工业景观转变成优质景观的能力。

1991年建成的拜斯比公园（Byxbee Park）约12hm²，位于加州的帕罗·奥托市（Palo Alto）。在这里，哈格里夫斯将一个垃圾填埋场变成了一个特色鲜明的旧金山海湾边缘的公园。公园位于18m高的垃圾填埋场之上，底层垃圾坑用黏土和30cm厚的表土覆盖。他在覆土层很薄的垃圾山上小心翼翼地塑造地形，为防止植物根部的生长导致黏土层破裂而使有害物质外释，场地上没有种植乔木，而是采用乡土的草种。在山谷处开辟泥土构筑的"大地之门"，在山坡处堆放了许多土丘群，隐喻当年印地安人打鱼后留下的贝壳堆，也作为闲坐和观赏海湾的高地。曲折于山上的小路由破碎的贝壳铺成，在上面行走时嘎吱作响，产生一种特殊的效果。在公园的北部有成片的电线杆，这些木杆顶部被削短，呈阵列布置在坡地上，平齐的电杆顶部与起伏多变的地形形成鲜明的对

加州帕罗·奥托市拜斯比公园的大地之门

加州帕罗·奥托市拜斯比公园的木杆阵列

加州帕罗·奥托市拜斯比公园的混凝土路障形成的序列是附近机场跑道的延伸

比，并且隐喻了人工与自然的结合，也唤起对穿越海湾的高压电线的注意。公园中部长明的沼气火焰时刻提醒人们基地的历史。在前方的海湾沼泽地是一些野生动物的栖息地，公园的堤上布置一些座椅，供人们欣赏各种候鸟。混凝土路障呈八字形排列在坡地上，形成的序列是附近临时机场的跑道的延伸。

1985年开始建造的烛台角文化公园（Candlestick Point Cultural Park），位于旧金山城市的边缘，在一个建筑垃圾填海筑就的人工半岛上，背靠烛台角体育馆和一个巨大的停车场。受到经常侵袭这里的强风的启发，哈格里夫斯用一块平坦的草地斜坡在几道弯曲的

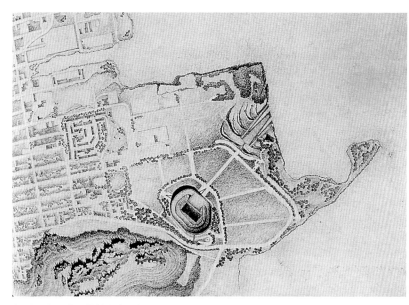

加州旧金山附近的烛台角文化公园平面图

加州旧金山附近的烛台角文化公园

加州旧金山附近的烛台角文化公园的风之门

风障土丘的中间切开了一道缺口，顺应着风的主导方向，一直伸入水中，形成了一个开敞的迎风口。在此，"风之门"引导人们向大自然敞开怀抱。U字形道路的两个端点设置了观景台，路堤与草地之间，是伸向内陆的簸箕状浅坑，用来迎接涨潮时的海水。哈格里夫斯在烛台角文化公园为人们提供了一个用心灵去体味自然的场所。

在旧金山湾区的这些公园里的植物都不需要灌溉和经常的修剪。哈格里夫斯认为，过多的养护既是昂贵的，也是耗费人力的。在每个公园里他都建立了富于变化的生态系统。在那里乡土的草类、野生的花卉和灌木能够获得应有的发展，就如同他所说的："我在大地上建立一个系统，植物、人群和水在上面留下痕迹"。哈格里夫斯试图将环境和社会的变迁在他的设计里进行综合地表现。

随着经验的积累和影响力的扩大，哈格里夫斯的作品朝着更复杂、更富表现的方向发展，他用一种综合的和富于技巧的方法将雕塑的、社会的、环境的和现实的线索编织在一起。

位于加州萨克拉门(Sacramento)河谷的绿景园(Prospect Green)，经过哈格里夫斯的规划，将原来的一个19世纪的采矿场变成了13hm²的公司园区。园区中部的办公楼前设计了一个1.2hm²呈新月形的花园，花园分为景观各异的两部分。西半侧是树列环绕的草地，16棵红杉环绕两个同心圆种植，林中的雾状喷泉喷出浓浓的雾霭，随风向和气温的不同而变化多姿，时聚时散，或厚或薄，在炎热的夏季还有明显的降温作用。夜幕降临时，雾气和灯光在夜色中创造出戏剧性的效果。花园的东半部是依矿坑地貌塑造的土丘及谷地，土丘上面种植管理粗放而耐旱的草种，谷地中小树林立。独特的地形带来了与众不同的视觉效果和空间体验，也使低处的草地和树木获得了更多的水的滋养。这个设计不仅唤起对基地历史的回忆，而且也为公司的员工提供了环境优美的户

加州萨克拉门河谷的绿景园

外共享空间。

美国的圣·何塞市、路易斯维尔市和葡萄牙里斯本市的三个滨水公园的设计具有许多共同点，体现了哈格里夫斯对于退化的滨水景观的态度。这些基地都是被人为活动和自然本身破坏的场地，哈格里夫斯并没有用如画的景观试图使基地恢复到被破坏以前的状态，也没有保留大量的被破坏的环境而使之成为工业或河流历史的纪念碑，而是在顺应河流自身生态系统特点的基础上，用艺术化的手段使之成为市民公共活动的空间。

1988年开始建造的瓜达鲁普河公园(Guadalupe River Park)，是一条长约4.8 km，蜿蜒于圣·何塞市(San Jose)中心区域的滨河绿带。圣·何塞市希望这项工程不仅解决洪水对河岸的侵蚀，而且能为当地居民提供可亲近的自然场所。哈格里夫斯的设计证明了洪水控制与城市绿地和景观能够很好地结合在一起。公园系统分为两层，下层为泄洪道，上层为滨河散步道和野生动物保护地，并连接着周围新的建筑、住宅和商业开发区。在设计中应用了计算机模型以分析洪水的潜在威胁。在下游的河岸上，哈格里夫斯创造了波浪起伏的地形，塑造成具有西部河流特征的编织状地貌。地形的尖端部分指向上游，以符合水利学原理，在洪水到来的时候，它们可以减缓河水的流速，而洪水消退时，这些地形能够组织排水。植物的布置也提示着滨河生态系统的存在：从水边到高处，是从三叶杨、美国梧桐到栎树和月桂树的过渡。

路易斯维尔市 (Louisville) 的景观具有悠久的奥姆斯特德的传统。自从几十年前被高架高速公路、快速干道和水滨的工业用地隔开后，城市中心与俄亥俄河之间，无论是视觉上

259

圣·何塞市瓜达鲁普河公园

圣·何塞市瓜达鲁普河公园                                          圣·何塞市瓜达鲁普河公园

圣·何塞市瓜达鲁普河公园

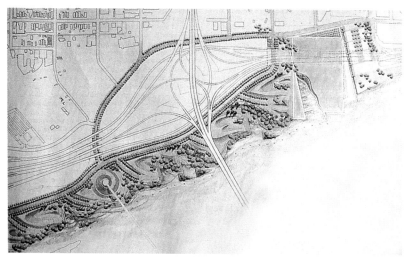

路易斯维尔市河滨公园平面图

路易斯维尔市河滨公园

路易斯维尔市河滨公园

还是功能上都是难以接近的。新的河滨公园的建立将城市中心与河流重新联系起来，创造了积极的市民活动空间。在靠近城市的公园西端，是节庆广场、入口广场、大草坪和瞭望平台。在河岸上切削出的大尺度的斜坡草地一直伸入水中，从而打开了城市通向河流的视线。这块草地同时有着多种用途，是公园中主要的集散空间和休闲活动的场地，并作为非正式的露天剧场。入口广场边的一条喷泉跌水形成的水道成为从城市到河边的一条水的轴线。码头位于大草地临河一侧一个切入的水湾中。公园中部和东部是以雕塑般的地表形态形成的自然公园，有环路、开放的草地、野餐地和儿童活动场地。这些地表的隆起不仅能引导洪水的排泄，而且能掩盖高速公路的噪音。公园的岸边种植着乡土植物以保护河岸。公园二期即将建设的包括一

路易斯维尔市河滨公园

座螺旋形的小山，为步行者和骑自行车的人提供了盘旋的通道，通往原有的一座铁路桥，它是这块基地工业历史的见证。哈格里夫斯原来在二期中设计了三个与公园地形紧密联系的内湾，表现河岸的变化并提供了观察河岸的泥土及植物的持续不断的冲刷和沉积过程的场所，但由于考虑到清理和维护的问题，这个设想被取消了。

由于整个公园全部位于百年一遇的洪水线以内，有些地方可能经常会遭受洪水的冲刷和浸泡，公园内所有空间的设计都要考虑能经受洪水的侵袭而不致有太多的损坏。公园的形式揭示了场地的自然和文化过程，河流的涨水和泻洪的过程在公园的每一个空间都得到揭示。抽象的地表形式构成了树枝状的谷地，很容易接纳和排走季节泛滥的洪水。路易斯维尔市河滨公园为市民提供了一个公共空间，它的建设

促进了市中心西部的发展，为城市经济的复兴做出了贡献。

哈格里夫斯事务所在国际竞赛中还赢得了葡萄牙里斯本市的一个滨水公园的设计——特茹河和特兰考河公园（Parque do Tejoe Trancao）。这个公园是与1998年里斯本国际博览会相关的一个环境项目。公园占地约64hm²，包含一个污水处理设施。同样的，这个公园也面对着许多问题，诸如垃圾和港口疏浚的废弃物的处理等。哈格里夫斯建议用这些废物进行地形的塑造，使这个平坦的地区产生隆起的变化，创造一种有力度的地形形式。疏浚的沉积物被塑造成一种波动的地形，新月形的土丘好象风蚀沙丘的形状，也让人想起风吹起的水的波纹，同时还唤起对附近的山脉和谷地的联想。地表的形态从河边的稍自然一些的表达到远离河岸的清晰的人工形式之间变化。河边的

沼泽地被保留下来，作为野生动物的栖息地。草地可以为人们提供活动的场地。规划中的设施包括了码头、节日广场、儿童游戏场、高尔夫球场、马术场、网球场、排球场、露天游乐场、商店和咖啡店，可以提供各种各样的消遣活动。

哈格里夫斯还为2000年悉尼奥林匹克公园公共区域完成了总体的概念设计和景观设计。奥林匹克公园位于悉尼市以西7英里，几十年来一直是盐碱沼泽和桉树林，被一个砖厂、一个屠宰厂和一个军备供应站所占领。尽管在城市人口较多的地区，但仍有与城市隔绝的感觉，与新的体育中心和附近的港口缺乏视觉上的联系。公共区域是奥运会期间人们交往的主要场所，其设计的主旨是将露天的大型运动场、竞技场、水上中心和主要的基础设施如铁路和交通终端集结在一起，同时创造一个大型的、简洁的开放空间，使得人们可以自由地通行，并最快捷最方便地到达目的地。哈格里夫斯在概念上提出了红、蓝、绿三种颜色的运动：红色代表城市化的空间，蓝色代表水的要素，绿色代表绿地和林荫道，三种要素的运动和结合形成完善的公共区域环境。

占地11hm²的奥林匹克大道，是公共区域的核心，是奥运会期间欢迎来自世界各地的游客、运动员和观众的场所。通过微微倾斜的地面将周围的建筑纳入整个空间中，红色和褐色铺装图案体现了当地土著旗帜以及澳洲大地景观的色彩，人们在这里聚合并参加各种活动。大道上通过规整种植的成行乔木建立一种秩序感，林荫道形成的"绿色手指"将场地核心部分与周围的绿地联系起来。两处水景引人入胜，"无花果林喷泉"位于场地的中心，由3m高的喷泉组组成，在奥林匹克大道上形成拱形的通道。在大道的北端红树林湿地旁是高12m的弧形喷泉群，非常壮观。根据哈格里夫斯的规划，大道对面曲线的螺旋山是用基地上的有害土壤堆筑的，与弯曲的水面构成北端的视觉

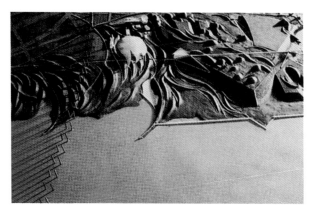

里斯本市滨水公园模型照片

里斯本市滨水公园效果图

里斯本市滨水公园效果图

263

悉尼奥林匹克公园鸟瞰

悉尼奥林匹克大道

悉尼奥林匹克公园无花果林喷泉

中心。这一艺术化的地形形式还将成为包括奥林匹克公园在内的更大范围的"千年公园"的主题。奥林匹克大道各种要素大胆而清晰地结合在一起，创造了特定的场所感，它完全满足了奥运会各个方面的复杂要求，而且创造了一个亲切的公共场所。

哈格里夫斯的作品还有辛辛那提大学设计与艺术中心(Stanley J.Aronoff Center for Design and Art)的环境设计。这里，一系列蜿蜒流动的草地土丘好象是从建筑师艾森曼(Peter Eisenman 1932~)设计的扭曲的解构主义建筑中爬出来的一样，创造出神秘的形状和变幻的影子。

哈格里夫斯的作品大多是公共项目，那些对新概念常常持谨慎态度的业主能接受哈格里夫斯的方案，从某种程度说明，哈格里夫斯的设计反映了社会所面临的众多问题，反映出他解决这些综合复杂问题的能力，也反映出他将环境问题与社会历史文化结合起来考虑的能力，以及将设计技巧与社交活动结合的能力。

哈格里夫斯的公共项目的设计大胆创新，与传统的公园有着显著的不同。为了让市民接受他的设计，有的时候，他必须说服人们改变对公园的陈旧认识。对于大多数美国民众来说，他们心目中的公园形象多是继承了奥姆斯特德的传统的"如画式"的景观。但哈格里夫斯认为，许多19世纪的公园是在原来城市边缘的乡村建造的，草地、溪流、森林和露着岩石的自然地貌是基地原有的特色，设计师在这些基础上通过布置环路，增加地形来塑造公园，公园的目的是为了呼吸新鲜的空气，利于身体的健康。与此相对照的是，今天许多新公园的基地是废弃的工业用地或其他遭到破坏的土地，虽然有一些有利条件如靠近城市、有基础的市政设施和方便的交通，但是它没有岩石、森林、溪流和草地。同时，现代的公园有多种的用途，需要安排相当多的内容和活动空间，因此新的公园设计应当有别于传统的公园模式。

悉尼奥林匹克公园北部湿地景观

悉尼奥林匹克公园北部湿地喷泉

透过悉尼奥林匹克公园北部湿地喷泉看螺旋山

哈格里夫斯的设计表达了他独特的设计哲学。他认为，设计就是要在基址上建立一个舞台，在这个舞台上让自然要素与人产生互动作用，他称之为"环境剧场"。在那里人类与大地、风和水相互交融，这样就导致了一种自然的景观。然而，这种景观看上去并不是自然的。用非自然的形式表达人与自然的交融，这与许多大地艺术的思想如出一辙。

同时，他的设计还渗透着对基地和城市的历史与环境的多重隐喻，体现了文脉的延续。作品深层的文化含义使之具有了地域性和归属性，易于被接受和认同。

哈格里夫斯的设计结合了许多生态主义的原则，但又不同于一般的生态规划的方法，如自然系统的保护和恢复等。他认为生态主义不应忽视文化和人类生活的需要，人造的景观永远不可能是真正自然的，景观设计不仅要符合生态原则，还应当考虑文化的延续和艺术的形式。他常常通过科学的生态过程分析，得出合理而又夸张的地表形式和植物布置，在突出了艺术性的同时，也遵循了生态原则。例如他分析河流对河岸的侵蚀，概括出树枝状的沟壑系统，以此为原形创作了雕塑化的地形，运用到水滨环境中，表达水的流动性，既产生了富有戏剧性的艺术效果，同时从理论和实践上来看，也是减少水流侵蚀的一种措施。

哈格里夫斯的作品将文化与自然、大地与人类联系在一起，是一个动态的、开放的系统。他的作品有意识地接纳相关的自然因素的介入，将自然的演变和发展的进程纳入开放的景观系统中。

哈格里夫斯目前是哈佛大学设计研究生院的教授，景观设计系主任，并领导着一个地形研究室。他还是一些大学的客座教授，通过教学和设计，他的思想正影响着年轻一代的美国景观设计师。

辛辛那提大学设计与
艺术中心的环境

## 11.6　人类与自然共生的舞台——高伊策(Adriaan Geuze 1960～)的景观设计

高伊策像

要理解荷兰景观设计师高伊策的作品，应该首先了解荷兰景观的本质。荷兰位于欧洲西部，西、北面濒临北海，国土地势低洼，全国有1/4的土地低于海平面，因此曾被称为低地国家(Netherlands)。荷兰是一个与自然有着特殊关系的国家，由于国土狭小，长期以来荷兰人不断围海筑堤，以便获得更多的土地用于耕作和居住。结果在这片土地上形成了高度城市化的、功能性的、绝大部分是线状构筑的景观，这种景观是人与大海相斗争的产物。荷兰的景观规划与设计是解决如何从大海中获得土地的问题，这就意味着景观在这里并不是一个奢侈品，它贯穿于荷兰的整个国土，是不可或缺的。同时，理性地利用技术上的方法来处理自然和环境的思想也影响到荷兰的景观设计。

高伊策1960年出生于荷兰的Dordrecht，父亲是一位内燃机工程师，祖父是一位堤坝工程师，从祖父那里他得到了许多有关筑坝和水利工程方面的知识。1979～1987年高伊策在荷兰Wageningen农业大学学习景观设计，获得硕士学位。学习期间，他对建筑学有着浓厚的兴趣，特别欣赏俄国的构成派艺术家的作品。

1987年，高伊策毕业以后，与贝克(P.van Beek)合作，在鹿特丹的码头上创办了自己的事务所。高伊策喜欢通俗文化，码头的气氛正是充分展现这种文化特征的理想场所，码头的场景也更能激励他的创作灵感。在荷兰，西8度是主导风向，高伊策把事务所命名为West 8(西8)，以此象征能够吹遍荷兰大陆的力量，从事务所的名称上可以看出高伊策的远大志向。

事务所在成立之初就力图模糊景观设计、城市规划和建筑设计之间存在已久的人为的界限，否认工程和设计之间的区别。他们通过自己的作品，对人们头脑中的一些固有观念提出

挑战，如人与自然，城市和自然，人类和生态，技术和自然之间往往被认为是对立和矛盾的关系，而他们却认为这种思想不过是陈词滥调，这些事物是可以共生的。看待事物的不同的方式使事务所在景观设计中总有许多新的思想。事务所从来不被有关形式和式样的保守思想所约束。今天，West 8已是荷兰著名的多学科结合的设计公司。

高伊策还曾在阿姆斯特丹和鹿特丹的建筑学院、荷兰代尔夫特(Delft)技术大学、比利时的St.Lucas建筑学院、美国哈佛大学、丹麦奥尔胡斯(Aarhus)大学及西班牙、法国的一些学校任教，这样他得以接触更多的年轻人和更多的新思想。

West 8建立之初，得到了一个在鹿特丹的研究项目，3年以后获得了国家的景观和城市规划的奖项。1990年完成Prix de Rome项目后，几乎是一夜成名，于是得到了更多的委托。但是West 8事务所成立后的最初5年中，事务所的设计仅仅落实在图纸上，直到1992年才有机会实现自己的设计。这就是东斯尔德大坝(Oosterschelde Weir)项目。

项目位于荷兰南部的塞兰德(Zeeland)。1953年，这里的一场暴风雨造成近2000人丧生。为此，政府制定了一个三角洲计划，在近海岸的海面上建立堤坝以消除潮汐的危害，使塞兰德海域变成一个湖。为了防止大坝阻塞海水进入海湾而破坏原有的生态系统，特意在大坝上设了一个闸，平时开启，当暴风雨来临的时候可以关闭。

由于工程花费惊人，当巨大的水坝建成之后，几乎没有资金再去清理建造时留下的建筑、码头和凌乱的工地。West 8事务所得到委托，清理这片乱糟糟的区域。市政当局最初设想将大坝附近的建筑垃圾场改变为人工的沙丘，中心是田园诗般的人工湿地。但West 8并没有采纳这一想法。他们没有试图将工程遗留的垃圾场与自然环境和谐起来，而是首先将砂

从公路上看东斯尔德围堰旁
的贝壳
(Hans Werleman 摄)

石堆平整，建成一片高地，这样使得人们开车沿着大坝行进时，会看到广袤无垠的大海。然后对这块高地进行了艺术化的处理，在上面覆盖一层来自附近蚌养殖场的废弃的蚌壳，养殖场也因此处理了这些蚌壳，正好一举两得。鸟蛤壳和蚌壳被布置成有韵律的图案，形成黑白相间的条带或棋盘方格，创造了一处人工的自然。棋盘格图案与荷兰的美术传统有密切联系，早在 17 世纪，荷兰画家维米尔（Jan Vermeer 1632~1675）和霍赫（Pieter de Hooch 1629~1684）的绘画中就有棋盘格的地面。长条形的图案反映了荷兰特有的围海造田而形成的线状景观。高伊策在设计时充分考虑汽车行驶时的观赏效果。当汽车飞速疾驶而过，司机能

东斯尔德工程夜景
(Hans Werleman 摄)

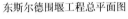

东斯尔德围堰工程总平面图

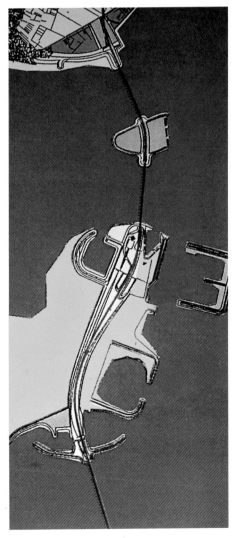

够领略广阔的大海和高地上吸引人的黑白韵律。巨大的黑白相间的图案形成大地艺术的作品，随着车速的不同，景观也不同。高伊策的设计中也包含生态的因素。他和生态学家一起合作，为那些濒临灭绝的海鸟建立了一个繁殖的环境。当地的海鸟对这些贝壳海岸很是着迷，贝壳的色彩可以用来伪装自己，白色的鸟类总是落在白色的蚌壳上，而黑色的鸟类总是落在黑色的蚌壳上。经过高伊策的设计，原来的工地变成为在深浅不同的贝壳上飞翔栖居着各种鸟类的充满生机的景观。

1996年建成的舒乌伯格广场（Schouwburgplein）位于充满生机的港口城市鹿特丹的中心。1.5hm²的广场下面是两层的车库，这意味着广场上不能种树。高伊策的设计强调了广场中虚空的重要，通过将广场的地面抬高，保持了广场是一个平展、空旷的空间，不仅提供了一个欣赏城市天际线的地方，而且创造了一个"城市舞台"的形象。广场没有被赋予特定的使用功能，但却提供了日常生活中必要的因素。在这个空间中，广场可以灵活使用。广场如同一个舞台，人们在上面表演，孩子们在上面踢球，形形色色的人物穿行于广场，每一天、每一个季节广场的景观都在变化。

高伊策认为，新的设计语言的产生应该从对材料的使用开始。在这里，高伊策使用一些超轻型的面层，以降低车库顶的荷载。这些材料有木材、橡胶、金属和环氧基树脂等。它们分不同的区域，以不同的图案镶嵌在广场表面。各种材料率直地展现在那里，不同的质感传递出丰富的环境气氛。广场的中心是一个穿孔金属板与木板铺装的活动区，夜晚，白色、绿色的荧光从金属板下射出，形成了广场上神秘、明亮的银河系。

广场上的木质铺装允许游客在上面雕刻名字和其它信息。高伊策认为，这样广场能够随着时间不断发展和自我改善。孩子们玩耍的花岗岩的铺装区域上有120个喷头，每当温度超

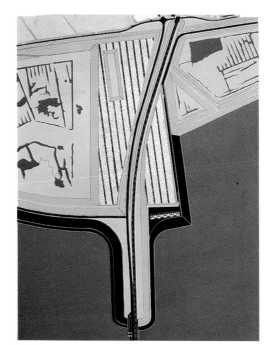

东斯尔德工程景观设计平面图

舒乌伯格广场平面图

舒乌伯格广场

舒乌伯格广场

过22℃的时候就喷出不同的水柱。地下停车场的三个通风塔伸出地面15m高。通风管外面是钢结构的框架，三个塔上各有时、分、秒的显示，形成了一个数字时钟。广场上4个红色的35m高的水压式灯每两小时改变一次形状。市民也可投币，操纵灯的悬臂。这些灯烘托着广场的海港气氛，并使广场成为鹿特丹港口的映像。高伊策期望广场的气氛是互动式的，伴随着温度的变化，白天和黑夜的轮回，或者夏季和冬季的交替，以及通过人们的幻想，广场的景观都在改变着。

1994年，为了适应阿姆斯特丹斯希普霍尔机场(Schiphol)的扩建，West 8被委托策划一个机场绿化的方案。他们和当地的林业机构合作进行了生态方面的研究，确定桦树最适合在这里生长。于是West 8决定在每个植树季节里都在这里种植125000株桦树，持续8年。哪里有空间，就在哪里种，植物逐渐成了森林，占据了所有的空地和废弃地，延伸了大约2000hm²。在树的下面还种植了红花草，红花草可以固氮，作为有机肥料供给树的生长需要。West 8形容自己的工作就象是一支绿化队，他们还委托了一个养蜂人安装了一些蜂箱，蜜蜂能够传播红花草的种子。在这里，West 8建立了一个小的生态圈，桦树形成一个绿色的质地，成为基础设施、候机楼、车库和货仓之间的绿色面纱，并在一些建筑的入口处放置花钵，种植色彩鲜艳的时令花卉。这个项目体

阿姆斯特丹斯希普霍尔机场景观设计效果图

阿姆斯特丹斯希普霍尔机场树林和地被(Jeroen Musch 摄)

阿姆斯特丹斯希普霍尔机场桦树林(Jeroen Musch 摄)

阿姆斯特丹斯希普霍尔机场建筑入口处的花钵(Jeroen Musch 摄)

现了高伊策的设计思想：景观不可能在一年内实现，它是一个过程。

1995年建成的乌特勒支VSB公司庭院，将90m高的公司总部建筑和周围的生态公园连接了起来。West 8在建筑周围呈阵列种植了一片桦树林，与高大的公司办公建筑的尺度相平衡。一个200m长的带状黄杨绿篱花园布置在建筑一侧，条状的黄杨篱与红色的碎石地面构成一个大的迷宫，花园中布置着五组红色的巨石组。一座红色的巨大的爬虫般的步行钢桥跨过绿篱花园，将线条明快、端庄的银行大楼与周围的生态环境建立起联系。钢桥上一侧的扶手正好是座椅，在此小憩，可鸟瞰绿篱花园和周围的景致。

1998建成的 Carrasco 广场位于阿姆斯特丹市 Sloterdijk 火车站附近。场地的大部分位于高架桥下，桥和周围的建筑使场地大部分处于阴影中。设计很好地解决了火车站、汽车、有轨电车、自行车和行人的交通功能。West 8 以柏油和草地为元素，在地面上设计了一个二维的超现实主义的图案。一些混凝土的柱子象征着城市中的植物，攀缘其上的常春藤将柱子变成了一片城市森林，自然在这个人造的景观中具有了永恒性。树桩放置在场地上，夜晚发出洋红色的光。奇异的光、声和移动的火车使这个空间具有了超现实主义的神秘气氛。

Interpolis 公司总部位于荷兰蒂尔堡市(Tilburg)火车站的主轴线上。2hm²的花园通过树篱和镂空的暗绿色钢栅栏与外界环境隔离，形成了一个平静的、内向的空间。花园是开放的，员工和市民可自由地使用这个花园。花园中散植着大乔木，越向外围，种植越密。长度从20m到85m不等的狭长形的水池穿插在花园中，水池方向不一，形状不同，产生了强烈的、不断变化的透视效果。水池里种植睡莲等植物，水中还生活着青蛙。公司建筑的前面设计了一个由页岩铺装的平台，一个折线形木桥跨过平台连接建筑入口广场和花园。每逢春暖花

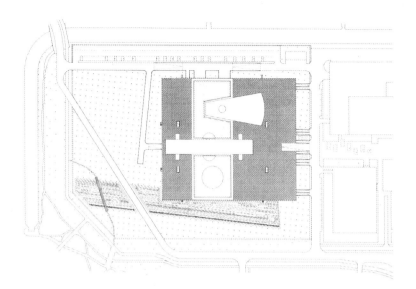

VSB 公司平面图

VSB 公司建筑与环境

VSB 公司绿篱花园(Jeroen Musch 摄)

VSB 公司庭院中的钢桥

VSB 公司庭院中的巨石组

Carrasco 广场模型照片

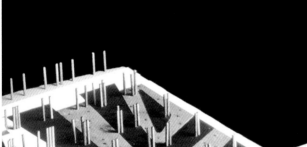

Carrasco 广场局部

开之时，高台上的玉兰盛开着大片白色的花朵，与大面积的页岩层形成强烈的对比。

1997 年 West 8 被邀请为美国南加州的查理斯顿(Charleston)Spoleto 艺术节设计一个花园。Spoleto 艺术节是表演艺术和视觉艺术的盛会。查理斯顿的自然环境和亚热带气候创造了各种各样的地形和特色鲜明的景观，包括海洋、港湾、河流、盐水沼泽和落羽杉沼泽。West 8 设计了一个落羽杉沼泽园，一个让人静思的场所。钢丝连接形成的一个矩形结构将园子与周围的环境分隔开，悬挂在钢丝上的苔藓形成四片轻灵的墙。从早到晚不断变化的阳光透过苔藓洒向园内，一条曲折的木板路从陆地上延伸到园中，睡莲等水生植物浮在水上，小动物栖息在水中，为参观者提供了一种超现实主义的体验。

在 7.5 英亩的荷兰 Houten 的 Makeblijde 花园中，不同的设计师设计了 30 个小花园，每一个小园都为设计师提供了一个表达自己对景观的认识的机会，也为参观者提供了一个了解现代景观的机会。West 8 设计了一个垂直的景观——仙女花园(Nymph Garden)，一个支架上摆放着植物的 7 层的绿色之"塔"。"塔"的内部是一个浪漫高耸的庭院，有水池、睡莲和青蛙。与查理斯顿的落羽杉沼泽园一样，这个花园也是一个沉思的圣所。

高伊策的作品个性鲜明而风格多样，每一个项目都是特定环境、特定思想的产物。很难确切地描述高伊策的设计特点，就连高伊策本人也认为自己还非常年轻，仍然在不断地发展与探索之中。高伊策认为自己是荷兰的高度写实主义者，他的设计风格源于荷兰人同景观的典型关系。高伊策认为自己在一定程度上也是一个功能主义者。他非常喜欢简洁的风格，欣赏丹麦的景观设计，丹麦景观设计师如索伦森(Carl Theodor Sørensen 1893~1979)和安德松(Sven-Ingvar Andersson 1927~)等往往使用很少的元素，创造出美丽、形式简洁的园林作品。高伊策也倾心于波普艺术，他常运用平凡的日常材料，创造出为大众接受的作品。高伊策的设计也受到大地艺术的影响，他的一些作品表现出雕塑般的景观和艺术化的地形，有

落羽杉沼泽园的木板路

落羽杉沼泽园中的木平台

落羽杉沼泽园内部

# 主要参考文献

Adams,William Howard.Grounds for Change: Major Gardens of the Twentieth Century. Bulfinch Press,1993

Ambasz,Anilio.Inventions:The Reality of the Ideal.New York,1992

Bazin,Germain.Geschichte der Gartenbaukunst. Köln,1990.

Beardsley,John.Earthworks and Beyond:Contemporary Art in the Landscape.

Beardsley,John.Poet of Landscape Process.Landscape Architecture,1995.12

Beardsley,John.Making Waves.Landscape Architecture,1998.3.

Bennett,Paul.Dance of the Drumlins.Landscape Architecture,1999.8.

BDLA.Plannen für Mensch und Umwelt.Bund Deutscher Landschaftsarchitektur,1995.

BDLA.Landschafts Architekten Handbuch.Bund Deutscher Landschaftsarchitektur,1996.

Birnbaum,Charles.Preserving Modern Landscape Architecture.Spacemaker Press.

Bosselmann,peter.Landscape Architecture as Art: C.Th.S ørensen,A Humanist.Landscape Journal, Volume 17,Number 1998.1.

Broto,Carles.Urbanism.Links,1998.

Brown,Brenda J.The Ruhrgebiet Ruins,a River and Leftover Lands.Landscape Architecture, 2001.4.

Brown,Brenda.Avant.Gardism and Landscape Architecture.Landscape Journal Vol.10,No.2. The University of Wisconsin,1991.

Brown,Brenda.Without Bellsand Whistles.Landscape Architecture,2001.1.

Brown,Jane.The Modern Garden.Thames and Hudson,2000.

Buendia,Palomar,Eguiarte.The Life and Work of Luis Barragán.New York,1997.

Calkins,Mey.Return of the River.Landscape Architecture,2001.7.

Cerver,Franciso Asensio.Arco Colour:Environmental Restoration.Arco Editorial,S.A.,1992.

Cerver,Francisco Asensio.City Squares and Plazas.New York,1997.

Church,Thomas.Gardens are for People (Third Edition).University of California Press.1995.

Clifford,Derek.Geschichte der Gartenkunst. Rentlingen,1966.

Cooper, Guy and Taylor, Gordon.Paradise Transformed:The Private Garden for the Twenty-First Century.Monacelli Press,1996.

Cooper,Paul.The New Tech Garden.Mitchell Beazley,2001.

Dillon,David.The FDR Memorial.Spacemaker Press,1998.

Eliovson,Sima.The Gardens of Roberto Burle Marx.Portland,1991

Enge,Olaf Torsten and Schreoer,Carl Friedrich. Gurtenkunst in Europa.Benedikt Taschen Verlag, 1990.

Francis,Mark and Hester,Randolph T.Jr (Editor). The Meaning of Gardens.The MIT Press,1991.

Geossel,Peter and Leuthäuser Gabriele. Architektur des 20.Jahrhunderts.Taschen,1990.

Gillette,Jane Brown.A River Runs Through It. Landscape Architecture,1998.4.

Gothein,Marie Luise.Geschichte der Gartenkunst. Georg Olms Verlag Hildesheim,1977.

Gregory,Frederick L.Roberto Burle Marx:The One-man Extravaganza.Landscape Architecture, May 1981.

Holden,R.International Landscape Design. London,1996.

Holmes,Caroline.Icons of Garden Design,Prestel.

Imbert,Dorothee.The Modernist Garden in France.Yale University Press,1993.

Jellicoe,Geoffrey and Jellicoe,Susan.The Landscape of Man.Thames and Hudson,1995.

Jellicoe,Geoffrey.The Landscape of Civilization. Garden Art Press Ltd.1989.

Johnson,Jory.Modern Landscape Architecture: Redefining the Garden.Abbeville.

Julbez,Jose M Buendia.The Life and Work of Luis Barragan.Rizzoli,1996.

Kassler,Elizabeth B.Modern Gardens and the Landscape.The Museum of Modern Art,New York,1994.

Keswick,Maggie.Chinesische Gärten-Geschichte, Kunst und Architektur.Stuttgart,1989.

Kiley,Dan.Dan Kiley:The Complete Works of America' s Master Landscape Architecture. Boston,1999.

Kluckert,Ehrenfried.European Garden Design-

From Classical Antiquity to the Present Day. Koenemann,2000.

Landscape Architecture.1998.11.

Lyall,Sutherland.Designing the New Landscape. Thames & Hudson.

Mader,Guenter.Gartenkunst des 20.Jahrhunderts. Stuttgart,1999.

Martin,Ignacio San.Luis Barrag án:The Process of Discovery.Landscape Journal,Volume 15, Number 2,Fall 1996.

Maun,Willian.Landscape Architecture.New York,1993.

Meyer,James.Minimalism.Phaidon,2000.

Molinari,Luca(Editor).West8.Skira Architecture Library,2000

Montero,Marta Iris:Burle Marx-The Lyrical Landscape.Thames and Hudson,2001

Murase,Robert.Stone and Water.Landmarke, 1997.

Noguchi,Isamu.The Issamu Noguchi Garden Museum.Harry N.Abrams,Inc.,Publishers,1987.

Ogrin,Dusan.The World Heritage of Gardens. Thames and Hudson,1993.

Pepper,Beverly.Three Site:Specific Sculptures. Landmarks.1998.

Perlman,Ian.Look of the Games,The Sydney Olympics Venue.Landscape Architecture, 2001.1.

Process Architecture 33.Landscape Design:Works of Dan Kiley.Tokyo,1986.

Process Architecture 90.Garrett Eckbo:Philosophy of Landscape.Tokyo,1990.

Process Architecture 94.Robert.Zion:Landscape Architecture.Tokyo,1991.

Process Architecture 103.Landscape Design and Planning at the SWA Group.Tokyo,1992.

Process Architecture 108.Dan Kiley:Landscape Design II.Tokyo,1993.

Process Architecture 118.Peter Walker William Johnson and Partners.Tokyo,1994.

Process Architecture 120.EDAW:The Integrated World.Tokyo,1994.

Process Architecture 128.Hargreaves:Landscape Works.Tokyo,1996.

Richardson,Tim.The Garden Book.London,2000.

Sasaki Associates.Integrated Environments. Spacemaker Press,1997.

Saudan,Michel and Saudan-skira,Sylvia.From Foliy to Follies.Evergreen,1997.

Schreoer,Carl Friedrich.Gartenkunst in Europa. Benedikt Taschen Verlag,1994.

Schwartz,Martha.Transfiguration of the Commonplace.Washington,1997.

Sima,Elivson.The Gardens of Roberto Burle Marx.Sagapress,Inc./Timber Press,Inc.1991.

Simo,Melanie.100 Years of Landscape Architecture:Some Patterns of a Century.Asla Press,1999.

Spens,Micheal.The Complete Landscape Designs and Gardens of Geoffery Jellicoe.London,1994.

Steele,James.Architecture Today.Phaidon Press Limited,1997.

Stern,Michael A.Passages in the Garden:An Iconology of the Brion Tomb.Landscape Journal, the University of Wisconsin,1994.

Symmes,Marilyn (Editor).Fountains,Splash and Spectacle.Thames and Hudson.Tesch,J ürgen and Hollmann,Eckhard.Icons of Art.Prestel,1997.

Tishler,William H.American Landscape Architecture:Designers and Places.Washington, 1989.

Treib,Marc (Editor).Modern Landscape Architecture:A Critical Rewiew.London,1992.

Treib,Marc.Must Landscape Mean?:Approaches to Significance in Recent Landscape Architecture. Landscape Journal,Vol.14,No.1,The University of Wisconsin,1995.

Walker,Peter.Minimalist Gardens.Washington, 1997.

Walker,Peter and Simo,Melanie.Invisible Gardens.The MIT Press,1994.

Wang,Xiangrong.Beziehungen zwischen der Gartenkultur Chinas und Europas nach dem 18.Jahrhundert.Universit ät GH Kassel,1995.

Weilacher,Udo.Between Landscape Architecture and Land Art.Birkhaeuser-Publisher for Architecture,1999.

Woodhams,Stephen.Portfolio of Contemporary Gardens.Rockport,1999.

Wrede,Stuart and Adams,William Howard.Denatured Visions:Landscape and Culture in The Twentieth Century.The Museum of Modern Art, New Yory,1991.

H.H. 阿纳森著，邹德侬等译.西方现代艺术史.天津人民美术出版社,1994.

H.H. 阿纳森著，曾胡等译.西方现代艺术史80年代.北京广播学院出版社，1992.

爱德华·路希·史密斯著,章祖德译.西方当代美术:从抽象表现主义到超现实主义.江苏美术出版社,1990.

L. 本奈沃洛著，邹德侬等译.西方现代建筑史.天津科学技术出版社,1996.

拉雷－文卡·马西尼著,刘平等译.西方新艺术发展史.广西美术出版社,1994.

贝尔纳·迈耶尔著,舒君等译.麦克米伦艺术百科全书.人民美术出版社.

罗伯特·休斯著,刘萍君等译.新艺术的震撼.上海人民美术出版社,1989.

I.L. 麦克哈格著,芮经纬译.设计结合自然.中国建筑工业出版社1992.

罗伯特·霍尔登著,蔡松坚译.环境空间——国际景观建筑.百通集团,1999

思想与作品译丛（八）,林云龙、杨百乐译.景园大师劳伦斯·哈普林.台北尚林出版社.

针之谷钟吉著,邹洪灿译.西方造园变迁史——从伊甸园到天然公园.中国建筑工业出版社,1991.

威廉·寇蒂斯著,张钦楠译.现代建筑的当代转变.《世界建筑》1990.2～3.

曹丽娟（指导教师：王向荣）.自然之灵的呼唤——大地艺术及其代表作品透视.北京林业大学硕士论文,2001.

陈同滨、文璐.世界名园百图.中国城市出版社,1995.

费菁.极少主义绘画与雕塑.《世界建筑》1998.1.

孔新苗、张萍.此刻、此地、你我共有——后现代主义与当代雕塑、建筑.中国社会出版社,1994.

李大夏.路易·康.中国建筑工业出版社,1993.

林箐.欧美现代园林概述.北京林业大学硕士论文,1997.

林箐.欧美现代园林发展概述.《建筑师》82、84.

林箐、王向荣.詹克斯与克斯维科的私家花园.《中国园林》1999.4.

林箐.美国现代主义风景园林设计大师——丹·克雷.《中国园林》2000.2.

林箐.美国当代风景园林设计大师、理论家——劳伦斯·哈普林.《中国园林》2000.4.

林箐.托马斯·丘奇与"加州花园".《中国园林》2000.6.

林箐.诗意的心灵庇护所——墨西哥建筑师路易斯·巴拉甘的园林作品.《中国园林》2002.1.

林箐.空间的雕塑——艺术家野口勇的园林作品。《中国园林》2002.2.

林箐.社会品质与美学品质的融合——丹麦的景观设计。《中国园林》2002.3.

刘先觉.阿尔瓦·阿尔托.中国建筑工业出版社,1998.

刘晓明、王朝忠.美国风景园林大师彼德·沃克及其极简主义园林.《中国园林》2000.4.

刘晓明.风景过程主义之父——美国风景园林大师乔治·哈格里夫斯.《中国园林》2001.3.

卢永毅、罗小未.产品·设计·现代生活——工业设计的发展历程.中国建筑工业出版社,1995.

莫伯治.美国高层建筑见闻琐记.《世界建筑》1985.4

任京燕.巴西风景园林设计大师布雷·马克斯的设计及影响.《中国园林》2000.5.

苏肖更.一个离经叛道者——玛莎·施瓦茨作品解读.《中国园林》2000.4.

童寯.园林史纲.中国建筑工业出版社，1983.

童寯.新建筑与流派.中国建筑工业出版社，1980.

王朝忠（指导教师：刘晓明）.极简主义对景观设计的影响.北京林业大学硕士论文,2000.

王受之.西方现代建筑史.中国建筑工业出版社,1999.

王向荣.联邦园林展与德国当代园林.《中国园林》1996.3.

王向荣、林箐.拉·维莱特公园与雪铁龙公园及其启示.《中国园林》1997.2.

王向荣.德国的自然风景园.《中国园林》1997.5、6.

王向荣.新艺术运动中的园林设计.《中国园林》2000.3.

王向荣.生态与自然的结合——德国景观设计师彼德.拉茨的设计理论与实践.《中国园林》2001.2

王向荣、张晋石.人类与自然共生的舞台——荷兰景观设计师高伊策的设计作品.《中国园林》2002.3.

王向荣、林箐.现代雕塑与现代景观设计.《世界建筑》2002.7.

吴焕加.建筑风尚与社会文化心理.《世界建筑》1996.3、4.

薛恩伦、贾东东.高迪的建筑艺术风格.《世界建筑》1996.3.

张利.跃迁的詹克斯和他的"跃迁的宇宙"——读查尔斯·詹克斯的《跃迁的宇宙的建筑》.《世界建筑》1994.7.

张钦楠.跨世纪将有什么建筑学——读三本书有感.《世界建筑》1996.1.

# 主要人物索引

# 后 记

　　本书的写作是一个漫长的欢乐与痛苦交织的过程。研究的积累已经有10年的时间。1991年，王向荣赴德国卡塞尔大学城市与景观规划系攻读博士学位，为完成博士论文《Beziehungen zwischen der Gartenkultur Chinas und Europas nach dem 18.Jahrhundert》(18世纪以后中国与欧洲园林文化的交流)，阅读了图书馆里几乎能找得到的所有的欧洲园林史的书籍，同时对欧洲众多的城市、园林和建筑进行了详细深入的考察。由于博士论文大多涉及欧洲18、19世纪的园林，所以当时研究的重点自然是从文艺复兴到风景园500年间的欧洲园林，并没有过多涉及到这本书的内容，但现在看来，正是那时各个方面的积累为日后对西方现代景观的研究打下了一个坚实的基础。

　　1995年7月，王向荣在德国卡塞尔大学顺利通过了博士论文答辩，与初到欧洲的林箐进行了广泛的旅行，参观了欧洲众多的古典的和现代的园林，也参观了许多现代建筑，并在一些博物馆中看到了大量现代艺术品，当时我们几乎每天都对所见到城市、园林、建筑、绘画和雕塑进行无拘无束的讨论。这次旅行对我们的意义非常大，让我们将对西方古典园林的研究告一个段落，转向对现代景观的研究。

　　当时国内有关西方现代艺术、建筑、城市规划的理论书籍已比较丰富，但是有关西方现代景观的介绍却相当贫乏，可以说基本是一个空白。在欧洲经历了内心的很大震动之后，为了将感性的认识上升到理性的高度，林箐在回国后阅读了大量的外文文献。在阅读过程中，对西方现代景观的了解逐渐加深，研究的兴趣也日益浓厚。在导师孟兆祯教授和梁伊任教授的指导下，1997年完成了硕士论文《西方现代园林概述》，这是北京林业大学风景园林规划与设计学科第一篇有关西方现代景观的研究生论文，这篇论文成为本书的基础。

　　王向荣在回国后承担了北京林业大学园林学院 "西方近现代园林"的研究生课程，我们经常与研究生有各种形式的讨论会，在教学的过程中也对这本书涉及的内容进行不断地补充和完善。同时，我们在从事景观设计项目时也常常遇到各种问题和挑战，对西方景观设计的理论和实践的研究使我们能够保持一个开放的思想和敏捷的思维。理论研究能够成为解决问题和发展设计思想及手段的方法，这也是多年来我们在繁忙的教学和设计实践之余勤奋克己地坚持这一课题研究的原因。虽然我们研究的初衷并不是为了写作，但随着研究的深入和成果的积累，这本书的产生也就是一件水到渠成的事了。

　　虽然资料的积累非常丰富，相当一部分内容也经过细致地整理，但最后的成文过程仍然是艰辛和漫长的。它是一个再研究和再思考的过程，因为我们希望不仅把丰富的资料提供给大家，还希望将我们的思想和认识传递给大家。在我们多年的心血即将付梓之际，我们首先要感谢培养我们和关心我们成长的师长。

感谢王向荣的硕士生导师、北京林业大学园林学院孙筱祥教授,他使我们建立了良好的专业观念、设计能力和思维方式,对此我们将受益终身。

感谢北京林业大学园林学院孟兆祯院士,他是林箐的硕士和博士学习的导师, 也是王向荣作博士后研究工作的导师,他坚持原则的工作作风、严谨的学术思想、敏锐的专业眼光一直影响着我们。

感谢德国卡塞尔大学城市与景观规划系Jürgen Heinrich von Reuß教授。作为王向荣的博士生导师,他从各个方面都给予了极大的支持。他和我们一起参观了欧洲的许多古典和现代的园林,包括书中涉及到的大量实例。他甚至亲自开车带我们去偏远的慕斯考(Muskau)和勃兰尼茨(Branitz)的园林及科特布斯附近的露天煤矿考察,对此我们至今记忆犹新。在我们回国以后,他还不断邮寄一些书籍,为我们的研究提供了大力的支持。

感谢卡塞尔大学教授Albert Cüppers、Detlev Ipsen、Jochem Jourdan、Gustav Lange及其他众多的建筑系和城市与景观规划系的教师,他们的授课加深了我们对德国乃至欧洲的景观的理解。感谢德国Friedrich-Ebert-Stiftung基金会的资助。

感谢林箐的硕士生导师、北京林业大学园林学院梁伊任教授,他在各个方面对我们热情的关心与帮助让我们始终不能忘怀。

感谢同济大学原建筑系的诸多先生,他们是王向荣本科教育的老师,是他们将王向荣领入景观设计的领域,并打下了良好的基础。

感谢北京林业大学园林学院为我们创造的良好宽松的工作环境,感谢学院的各位前辈和我们现在的同事。

这本书的许多章节都曾在《中国园林》期刊上发表过,在此,我们要感谢《中国园林》副主编何济钦和王秉洛先生,感谢钱慰慈女士。他们热情的鼓励和支持,督促我们将各个阶段的研究成果及时整理出来。

感谢清华大学建筑学院王路教授,他为本书提供了柏林犹太人博物馆和悉尼奥林匹克公园的图片资料。我们同在德国学习期间,曾一起考察过德国的一些城市、建筑和园林,并经常进行坦诚地交流,美好的经历令人难忘。

感谢北京林业大学园林学院博士或硕士研究生张红卫、于滨、曹丽鹃、任京燕、韩炳越、刘彦琢、张璐、李正平、张晋石、王奉慧、李卫芳,以及曾经或正在北京多义景观规划设计研究中心工作的设计师,他们为本书的出版做了大量的辅助工作。特别感谢北京林业大学园林学院博士研究生孙卫国先生,在他学习和工作非常繁忙的时期,为本书整理了大量的图片,他精心的工作为本书的出版提供了很大的帮助。

感谢中国建筑工业出版社郭洪兰女士，她一直鼓励和支持我们的工作，为本书的出版付出了大量心血，使得这本书能尽快与读者见面。

感谢中国建筑工业出版社吴宇江先生，在他的帮助下，林箐的硕士论文的部分内容得以在《建筑师》丛刊上发表，在行业内引起一定的反响，这也激励着我们将研究工作继续深入。

感谢荷兰 west 8 景观设计与城市规划事务所，他们提供了本书封面及 11.6 中的部分图片，这些资料使本书的内容更为充实。

感谢关心和帮助我们的所有朋友，限于篇幅，我们不能一一列出他们的名字。

最后，感谢我们的父母和亲人。他们的奉献使我们得以把更多的精力投身于工作之中，并且无论遇到多大的困难都能保持比较平和的心态，这本书的背后也凝聚着他们的劳动。

本书涉及的内容，从地域上看，包括欧洲和美洲两个大陆；从时间上看，跨越19、20世纪，直至21世纪初。这些丰富的内容，依靠我们两个人的力量和有限的时间与精力是不可能写得非常全面的。并且由于条件所限，我们也不可能亲自去书中涉及到的每一处实例考察，多数只能借助于文献的阅读。从本书所列出的参考文献中可以看出，中文的文献主要是艺术类和建筑类的书籍或文章，景观方面的非常少，这也反映了目前我国的状况。大量的资料还是国外的文献，由于资料来源和语言的限制，有些重要的国家如法国和西班牙的景观设计的介绍，在书中就显得比较薄弱。即使是英语或德语的文献，也会由于语言和文化背景等方面的原因而产生理解的偏差。种种条件的制约，使书中的错误和不当之处在所难免，希望广大的读者批评指正。

这本书实际上是我们研究的一个阶段性的成果，我们将它展现给读者，是希望大家通过它能对国外现代景观设计有一个更深入的理解和认识，并希望这种认识对大家的工作实践起到有益的促进作用。我们会继续完善这一课题的研究，同时也希望以拙作抛砖引玉，能有更多的人进行现代景观设计的理论研究，促进景观行业理论体系的完善。

王向荣　　林　箐

2001 年 2 月 18 日

于多义景观

**图书在版编目（CIP）数据**

西方现代景观设计的理论与实践／王向荣等著.—北京：中国建筑工业出版社，2002（2022.6重印）
ISBN 978-7-112-05043-7

Ⅰ.西...　　Ⅱ.王...　　Ⅲ.景观-环境设计-西方国家　Ⅳ.TU-856

中国版本图书馆CIP数据核字（2002）第014018号

责任编辑　郭洪兰
版式设计　刘向阳

**西方现代景观设计的理论与实践**
王向荣　林箐　著

＊

中国建筑工业出版社出版、发行（北京西郊百万庄）
各地新华书店、建筑书店经销
临西县阅读时光印刷有限公司印刷

＊

开本：889×1194毫米　1/12　印张：25　字数：750千字
2002年7月第一版　　2022年6月第十九次印刷
定价：210.00元
ISBN 978-7-112-05043-7
　　　　　（10570）